浙江地质调查成果：科普图书

"浙江省典型地质标本及古生物采集与征集"项目资助（〔省资〕2018006）

浙江地质·杭州山水

ZHEJIANG DIZHI HANGZHOU SHANSHUI

刘远栋　朱朝晖　刘风龙　等编著
程海艳　张建芳　胡艳华

中国地质大学出版社
ZHONGGUO DIZHI DAXUE CHUBANSHE

图书在版编目(CIP)数据

浙江地质·杭州山水/刘远栋等编著. —武汉:中国地质大学出版社,2024.4
ISBN 978-7-5625-5819-4

Ⅰ.①浙… Ⅱ.①刘… Ⅲ.①地质学-文化-研究-浙江 Ⅳ.①P5

中国国家版本馆 CIP 数据核字(2024)第 062068 号

浙江地质·杭州山水

| 刘远栋 | 朱朝晖 | 刘凤龙 | 等编著 |
| 程海艳 | 张建芳 | 胡艳华 | |

| 责任编辑:唐然坤 | 选题策划:唐然坤 | 责任校对:张咏梅 |

出版发行:中国地质大学出版社(武汉市洪山区鲁磨路388号)	邮编:430074
电　　话:(027)67883511	传　　真:(027)67883580	E-mail:cbb@cug.edu.cn
经　　销:全国新华书店		http://cugp.cug.edu.cn
开本:787 毫米×1092 毫米　1/16	字数:186 千字	印张:7.25
版次:2024 年 4 月第 1 版	印次:2024 年 4 月第 1 次印刷
印刷:湖北新华印务有限公司		
ISBN 978-7-5625-5819-4		定价:52.00 元

如有印装质量问题请与印刷厂联系调换

《浙江地质·杭州山水》
编 委 会

主　　　任：邵向荣
副 主 任：胡嘉临　肖常贵
编　　　委：（按姓名拼音排序）
　　　　　　陈忠大　龚日祥　李润豪　孙乐玲
　　　　　　孙文明　王孔忠　王岳勇　吴　玮
　　　　　　钟庆华
主　　　编：刘远栋　朱朝晖
副 主 编：刘凤龙　程海艳　张建芳　胡艳华
成　　　员：徐　涛　王　振　齐岩辛　蔡晓亮
　　　　　　张琨仑　汪建国　汪筱芳　倪伟伟
　　　　　　李　翔　陈小友　胡文杰

前　言 PREFACE ▶▶▶

杭州，地处长江三角洲南翼、钱塘江下游，是浙江省的政治、经济、文化、教育、交通和金融中心，也是长三角城市群的中心城市之一。

"东南形胜，三吴都会，钱塘自古繁华。"说起杭州，就绕不过北宋著名词人柳永千年之前对杭州的"点赞"。13世纪意大利旅行家马可·波罗赞誉杭州为"世界上最美丽华贵之天城"。独一无二的江南意象，让杭州成为古今文人墨客的精神家园、人人向往的宜居天堂。

杭州是一座历史悠久的城市。作为首批国家历史文化名城、中国六大古都之一，杭州有着8000多年文明史和5000多年建城史。约公元前222年，秦灭楚设置钱塘县、余杭县，两县同属会稽郡；南朝梁、陈年间，先后设置临江郡、钱唐郡；隋开皇年间，改钱塘郡为杭州，隋炀帝开凿大运河，使杭州成为了贯穿中国南北的大运河的终点。从此，杭州逐步成为水居江河之会、陆介两浙之间的要地。

杭州是一座人文荟萃的城市。以西湖文化、运河文化、钱塘江文化为代表的杭州文化，在开放中融合，在创新中发展，孕育了众多名人。诗人白居易、苏东坡、陆游，艺术大师马远、黄公望、吴昌硕，思想家和文学家龚自珍、鲁迅、郁达夫，科学家沈括、竺可桢、钱学森，教育学家蔡元培、马叙伦、沈钧儒，等等，都同杭州结下了不解之缘，为杭州留下了众多光耀千古的华章。

杭州是一座风景如画的城市。它襟江带湖，依山傍水，风景秀丽，名胜众多。"欲把西湖比西子，淡妆浓抹总相宜"，闻名遐迩的杭州西湖令人无尽向往，是联合国教科文组织认定的世界文化遗产。西溪国家湿地公园是国内第一个集城市湿地、农耕湿地、文化湿地于一体的国家湿地公园，一句"西溪且留下"让多少人动容。"楼观沧海日，门对浙江潮"，钱塘江潮以其雄壮和豪迈吸引了无数游客。

杭州还是一座地质资源丰富的城市。杭州最早的地质记录可追溯到距今约9亿年的新元古代，她在板块运动中应运而生。在之后数亿年的地质演化中，古生代的多次海陆变迁、中生代的大规模火山喷发、新生代的地壳隆升和侵蚀剥蚀等地质作用,造就了现今集湖山、江川、奇峰、异洞于一体的杭州山水。杭州山水异彩纷呈,类型多样,是浙江山水的缩影,也是"秀美浙江"的代表。笔者在对杭州地区基础地质综合研究的基础上,通过剖析名山、名水、名洞等主要景观的自然现象,分析致其形成的内、外力地质作用特征,阐明杭州山水的形成演化规律,并借此普及和传播地球科学知识,激发读者来杭州寻幽览胜的兴趣。

笔　者
2023 年 11 月

目 录 CONTENTS ▶▶▶

1 杭州地史篇 …………………………………………………………………… (1)
　1.1 古大陆雏形 ………………………………………………………………… (2)
　1.2 海陆变迁 …………………………………………………………………… (5)
　1.3 塑造地质格局 ……………………………………………………………… (7)
　1.4 孕育古人类文化 …………………………………………………………… (9)
　1.5 丰富的地质遗存 …………………………………………………………… (10)

2 山体地貌景观篇 ……………………………………………………………… (17)
　2.1 大明山 ……………………………………………………………………… (18)
　2.2 天目山 ……………………………………………………………………… (26)
　2.3 浙西大峡谷 ………………………………………………………………… (36)
　2.4 宝石山 ……………………………………………………………………… (40)
　2.5 大慈岩 ……………………………………………………………………… (47)
　2.6 千岛湖石林 ………………………………………………………………… (51)

3 水体景观篇 …………………………………………………………………… (57)
　3.1 钱塘江 ……………………………………………………………………… (58)
　3.2 西 湖 ……………………………………………………………………… (65)
　3.3 湘 湖 ……………………………………………………………………… (71)
　3.4 千岛湖 ……………………………………………………………………… (75)
　3.5 西溪湿地 …………………………………………………………………… (78)
　3.6 虎跑泉 ……………………………………………………………………… (80)
　3.7 湍口温泉 …………………………………………………………………… (83)

4 岩溶洞穴景观篇 ……………………………………………………………（87）
4.1 岩溶洞穴成因 ……………………………………………………（88）
4.2 杭州溶洞分布 ……………………………………………………（89）
4.3 典型溶洞景观 ……………………………………………………（90）
后　记 …………………………………………………………………………（104）
主要参考文献 …………………………………………………………………（105）

杭州山水

1

杭州地史篇

浙江地质 | 杭州山水

1.1　古大陆雏形

　　浙江大地历经了长达 20 亿年的地质变迁,先后经历了 4 个重要的地质演化阶段:元古宙,浙南大陆和浙北大陆先后形成;古生代,两个古陆发生碰撞并"合二为一";中生代,早期褶皱造山作用活跃,晚期火山喷发与盆地沉积作用交织,恐龙一度兴盛;新生代,地壳升降和地貌改造发生,逐渐形成今日"七山一水二分田"的浙江格局。杭州的地史最早要追溯到距今约 9 亿年浙北大陆的诞生。

小知识

　　浙南大陆:是古元古代华夏地块浙江部分的俗称,由武夷地块和东南地块组成,诞生于距今20亿~18亿年,现今分布于浙江龙泉、遂昌、景宁一带的变质岩是浙南大陆存在的证据,它们也是浙江最古老的岩石。

　　浙北大陆:是新元古代江南造山系浙江部分的俗称,诞生于距今9亿~7.8亿年,现今分布于浙江江山、金华、诸暨、萧山等地的岩石记录了浙北大陆的形成历史(图 1-1-1)。

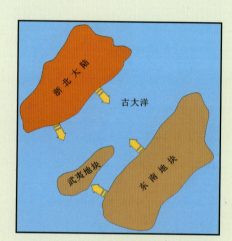

图 1-1-1　新元古代浙江古大陆分布构想图

　　距今 9 亿~7.8 亿年间,全球性的板块构造运动促使杭州所处的古大洋板块向扬子大陆俯冲,并诱发了地壳拉张和火山喷发等,形成了一系列的火山岛弧和盆地(图 1-1-2)。这些岛弧和盆地就是早期的浙北大陆,最早的杭州就位于其中。随着俯冲作用的持续,浙北大陆与扬子大陆发生碰撞,并拼接到一起,形成了新的浙北大陆。至此,杭州找到了"归宿"(图 1-1-3)。而在距今约 7.8 亿年,刚完成合并没多久的浙北大陆马上又发生陆内裂解,形成裂谷盆地,大量海水侵入盆地,杭州重新淹没在浩瀚的大海中,并经历了席卷全球的新元古代大冰期。

地质时代			同位素年龄 (百万年)	浙江经历的主要地质事件
宙(宇)	代(界)	纪(系)		
显生宙	新生代	第四纪	2.58	浙江山水成形,先后出现四大古人类文明
		新近纪	23.03	浙江省最新一次古火山喷发
		古近纪	66.0	地壳隆升遭受剥蚀,浙北局部出现盆地沉积
	中生代	白垩纪	145.0	大规模火山喷发;晚期出现陆相红层盆地沉积;恐龙盛世
		侏罗纪	201.4	
		三叠纪	251.9	印支期褶皱造山
	古生代	二叠纪	298.9	海水逐渐退去,末期发生第二次生命大灭绝事件
		石炭纪	358.9	第二次大海侵,沿杭州—建德—常山一线形成钱塘海盆,期间出现多次小规模海陆变迁
		泥盆纪	419.2	浙江大地抬升成陆,陆地上森林发育
		志留纪	443.8	浙北大陆与浙南大陆碰撞拼合成统一的浙江大陆,浙北出现原始的无颌类脊椎动物——鱼类
		奥陶纪	485.4	海水加深,海洋面积扩大;无脊椎动物繁盛;末期出现第一次生物大灭绝事件
		寒武纪	538.8	浅海广布,出现生命大爆发
元古宙	新元古代	震旦纪	635	冰雪交融的浙北大地
		南华纪 (成冰纪)	780	"雪球地球"事件
		青白口纪 (拉伸纪)	1000	形成早期的浙北大陆
	中元古代		1600	
	古元古代		2500	诞生浙江最早的陆壳——浙南大陆
太古宙			4031	
冥古宙			4567	

图1-1-2 浙江省主要地质事件发生时间简图(据浙江省地质调查院,2019)

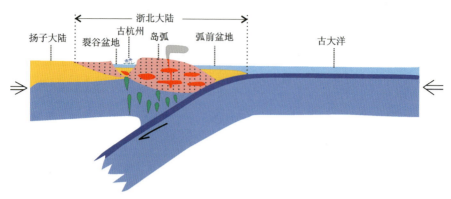

图 1-1-3　新元古代浙北大陆演化示意图（据浙江省地质调查院，2019）

小知识

扬子大陆：我国古地质板块构造之一，大致包含我国华南东部、四川东部、长江沿线及以南地区。

岛弧：大陆边缘连绵呈弧状的一长串岛屿，是大洋板块俯冲潜入大陆板块之下的产物（图1-1-4）。现代岛弧多分布在太平洋西部海域，如阿留申-阿拉斯加岛弧、千岛-堪察加岛弧等。

裂谷盆地：岩石圈板块做背向水平运动，或地幔隆起时地壳中发育的、在地貌上表现为对称或不对称的中央深凹的谷地，按其所处位置可分为大陆裂谷、陆缘裂谷、陆间裂谷和大洋裂谷。

新元古代冰期：距今7亿~6亿年，曾发生席卷全球的冰期事件，期间全球海洋结冰，地球变成一个巨大的雪球，俗称"雪球地球"（图1-1-5）。而这次冰期之前，地球在近30亿年的时间内都是单细胞生物的天下，生命演化极其缓慢。这次冰期极大地消除了不利于生物演化的因素，加速了生物演化，使生物界特别是动物界发生天翻地覆的变化。可以说，"如果没有这个冰期发生，那么也不会有人类的今天"。

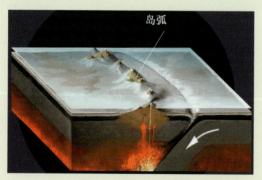

图 1-1-4　岛弧形成示意图

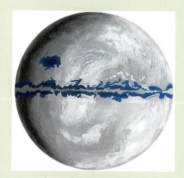

图 1-1-5　新元古代雪球地球构想图
（据 Song et al.，2023）

1.2　海陆变迁

寒武纪（距今约5.4亿年）以来，区域地质环境相对稳定，杭州地区长期被淹没于茫茫海水之中，沉积形成了一套碳酸盐岩。在早期局部浅海环境中，因气候湿热，海洋中的菌藻类、海绵等原始动植物遗体被掩埋形成了杭州最早的石煤层。彼时，海洋中总体气候温暖，海水盐度适中，营养供给丰富，有利于生物的繁衍，因此迎来了寒武纪生命大爆发，出现了以三叶虫、牙形动物等为代表的寒武纪海洋生物（图1-2-1）。

图1-2-1　寒武纪海洋生物生活环境复原图

 小知识

三叶虫：属节肢动物门三叶虫动物纲，体长一般数厘米，大者可长达70cm，小者仅2mm，全身分为头、胸、尾3个部分，背甲坚硬，背甲被两条背沟纵向分为大致相等的3片，即1个轴叶和2个肋叶，因此得名（图1-2-2）。三叶虫是迄今发现的种类最丰富的动物之一，已确定有9目1.5万多种，最早出现于距今约5.4亿年的寒武纪，于距今约2.5亿年的二叠纪灭绝。

图1-2-2　三叶虫化石

牙形动物：属脊索动物门，是一种带有牙形骨骼的动物，外表像蠕虫，身长数十毫米，宽仅几毫米，头部有两个突起，中间是一个凹陷（可能是口）（图1-2-3）。因现在的动物中没有发现和它完全一样的骨骼构造，故学术界对其真正性质长期以来都不清楚。牙形动物最早出现于寒武纪中期（距今约5.1亿年），灭绝于三叠纪晚期（距今约2亿年），分布广泛，演化迅速。牙形动物的骨骼化石——牙形刺，个体虽小（一般0.2～2mm），但能够十分精确地确定地层时代，在国际地层划分对比中占有极其重要的地位。

图1-2-3　牙形刺化石和牙形动物复原图

志留纪至泥盆纪中期（距今4.4亿～3.8亿年），浙江大地发生了一次极为重要的地质事件，即分隔浙江南北大陆的古大洋逐渐闭合，原本散布于古大洋中的古大陆互相碰撞拼合到了一起，浙南大陆与浙北大陆拼贴成了统一的大陆（图1-2-4），完整的浙江大陆最终形成。受此次碰撞作用的影响，杭州地区抬升为陆地，遭受风化剥蚀。

泥盆纪晚期（距今3.8亿～3.6亿年），第二次海侵来袭，沿现杭州—建德—常山一带形成钱塘海盆，杭州再次淹没于海洋中，之后经历了数次短暂的海陆变迁。直至三叠纪早期（距今约2.5亿年），地壳抬升，海水退却，杭州再次抬升成陆。期间，由于气候炎热，植被生长茂盛，杭州地区留下了大量的植物化石以及含煤岩层，并且沉积形成了第二套碳酸盐岩，为建德灵栖洞、桐庐瑶琳仙境的溶洞奇观形成奠定了物质基础。

1 杭州地史篇

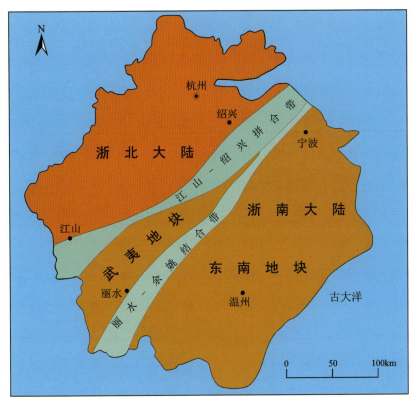

图 1-2-4 统一的浙江大陆

1.3 塑造地质格局

距今 2.52 亿～2.35 亿年，影响全球的印支运动在浙江留下了深深的烙印，浙江北部地层发生了强烈的挤压变形，形成了规模宏大的褶皱构造，如西湖复向斜（图 1-3-1）、湘湖复向斜等。这期构造运动也造就了杭州乃至整个浙北地区地质地貌格局的雏形。

侏罗纪至白垩纪（距今 2.014～0.66 亿年），浙江大地呈现出一幕幕火山喷发和盆地沉积交替演绎的场景，但杭州地区缺少该阶段早期的地质记录。在距今约 1.3 亿年的白垩纪早期，受古太平洋板块向古华南大陆俯冲作用的影响，淳安—临安、建德—萧山等地均发生了大规模的火山喷发活动，形成了巨厚的火山岩。与火山活动相伴的岩浆侵入活动也比较强烈，形成了如临安大明山花岗岩、余杭泗岭花岗岩等侵入岩体（图 1-3-2）。

图 1-3-1 西湖复向斜构造示意图

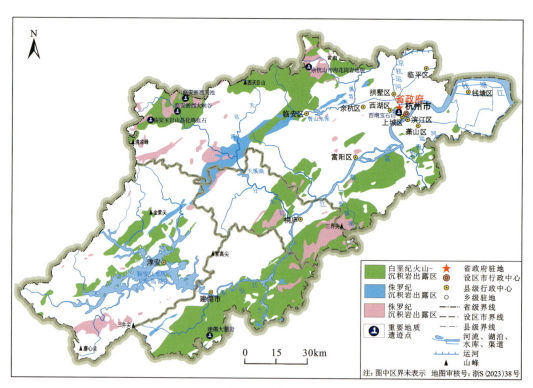

图 1-3-2 杭州地区中生代地质遗存分布图

可以说中生代（距今 2.5 亿～0.66 亿年）是杭州地貌格局重塑的一个重要时期，现今的各种地质地貌特征无不与中生代构造运动相关。中生代形成的一系列断裂构造以及褶皱构造，为早期钱塘江的发育提供了基础；现西湖一带的火山喷发造就了西湖马蹄形地貌的雏形，同时还形成了杭州地区典型的火山岩地貌景观；褶皱造山运动使得早期形成的碳酸盐岩地层抬升剥蚀，形成丰富多彩的石灰岩地貌景观及溶洞景观。

1.4 孕育古人类文化

新生代(距今约6600万年至现在),在喜马拉雅运动的主导下,浙江地质历史演化开启了新篇章,差异性、振荡性的地壳升降运动是这个时期的主旋律。大约从距今1.8万年开始,浙东沿海在新构造运动的影响下出现缓慢沉降,并经历了至少3次大规模的海侵事件(分别为王店海侵、杭州海侵、富阳海侵),最终形成了杭嘉湖(杭州、嘉兴、湖州)、宁绍(宁波、绍兴)、温黄(温岭、黄岩)、温瑞(温州、瑞安)与鳌江五大平原(图1-4-1)。海水侵袭带来了丰富的有机质,使滨海平原土壤肥沃,为浙江古人类的繁衍提供了得天独厚的环境,孕育出了上山(距今11000~8600年)、跨湖桥(距今8000~7000年)、河姆渡(距今7000~5300年)、马家浜(距今7000~6000年)、良渚(距今5300~4300年)等璀璨的史前文明(图1-4-2)。

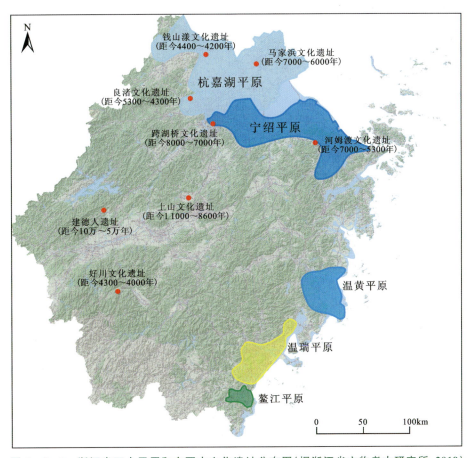

图1-4-1 浙江省五大平原和主要古文化遗址分布图(据浙江省文物考古研究所,2019)

图1-4-2 良渚先民生活场景构想图（汪筱芳绘）

1.5 丰富的地质遗存

  地质遗迹是在地球演化的漫长地质历史时期，由于各种内外地质作用形成、发展并遗留下来的珍贵的、不可再生的地质现象。历经9亿年的漫长地质演化，杭州地区形成、发展并遗留下了丰富的地质遗迹资源。截至2020年，初步统计有各类地质遗迹点151处，其中省级及以上的重要地质遗迹点60处（表1-5-1，图1-5-1），包括世界级地质遗迹点2处，国家级地质遗迹点18处（齐岩辛和张岩，2020）。地质遗迹类型多样，包括地层、岩石、构造等典型剖面类，火山岩、水体、岩溶、侵入岩等典型地貌景观类以及重要化石产地类和重要岩矿石产地类等。数量众多、类型丰富的地质遗迹，组成了集湖山、江川、奇峰、异洞于一体的杭州山水，它们不仅是重要的生态旅游资源，更是我们探究地球演化进程和方向的重要窗口，其价值不可限量（表1-5-2，图1-5-2）。为了对重要地质遗迹资源进行有效保护，截至2020年，杭州市建成各级自然保护地32处，包括自然保护区、风景名胜区、地质公园、森林公园、湿地公园等。

表 1-5-1　杭州市省级及以上重要地质遗迹名录（据齐岩辛和张岩，2020）

序号	遗迹名称	位置	地质遗迹分类	地质时代	级别
1	余杭狮子山腕足动物群化石产地	余杭区	古生物群化石产地	晚奥陶世	世界级
2	杭州湾钱江潮	萧山区	河流（景观带）	全新世	世界级
3	淳安潭头志留系剖面	淳安县	层型典型剖面	志留纪	国家级
4	淳安潭头文昌组剖面	淳安县	层型典型剖面	奥陶纪	国家级
5	富阳章村双溪坞群剖面	富阳区	层型典型剖面	蓟县纪	国家级
6	富阳新店西湖组剖面	富阳区	层型典型剖面	泥盆纪	国家级
7	富阳新店唐家坞组剖面	富阳区	层型典型剖面	志留纪	国家级
8	富阳钟家庄板桥山组剖面	富阳区	层型典型剖面	震旦纪	国家级
9	建德枣园—岩下寿昌组—横山组剖面	建德市	层型典型剖面	白垩纪	国家级
10	桐庐分水印渚埠组剖面	桐庐县	层型典型剖面	奥陶纪	国家级
11	萧山桥头虹赤村组剖面	萧山区	层型典型剖面	青白口纪	国家级
12	余杭超山寒武系剖面	余杭区	层型典型剖面	寒武纪	国家级
13	富阳章村—河上构造岩浆带剖面	富阳区	侵入岩剖面	青白口纪	国家级
14	富阳大源神功运动构造不整合面	富阳区	不整合面	早青白口世	国家级
15	余杭仇山膨润土矿	余杭区	典型矿床类露头	早白垩世	国家级
16	临安玉岩山昌化鸡血石	临安区	典型矿物岩石命名地	早白垩世	国家级
17	临安瑞晶洞岩溶地貌	临安区	碳酸盐岩地貌	更新世以来	国家级
18	桐庐瑶琳洞岩溶地貌	桐庐县	碳酸盐岩地貌	更新世以来	国家级
19	杭州西湖	西湖区	湖泊与潭	全新世	国家级
20	杭州西溪湿地	西湖区	湿地沼泽	全新世	国家级
21	淳安秋源蓝田组—皮园村组剖面	淳安县	层型典型剖面	震旦纪	省级
22	富阳骆村骆家门组剖面	富阳区	层型典型剖面	青白口纪	省级
23	建德下涯休宁组剖面	建德市	层型典型剖面	南华纪	省级
24	建德大同劳村组剖面	建德市	层型典型剖面	白垩纪	省级
25	建德航头黄尖组剖面	建德市	层型典型剖面	白垩纪	省级
26	临安板桥奥陶系剖面	临安区	层型典型剖面	奥陶纪	省级
27	临安上骆家长坞组剖面	临安区	层型典型剖面	奥陶纪	省级
28	临安湍口宁国组—胡乐组剖面	临安区	层型典型剖面	奥陶纪	省级

续表 1-5-1

序号	遗迹名称	位置	地质遗迹分类	地质时代	级别
29	桐庐沈村船山组剖面	桐庐县	层型典型剖面	石炭纪—二叠纪	省级
30	桐庐冷坞栖霞组剖面	桐庐县	层型典型剖面	二叠纪	省级
31	桐庐刘家奥陶系剖面	桐庐县	层型典型剖面	奥陶纪	省级
32	西湖九溪之江组剖面	西湖区	层型典型剖面	第四纪	省级
33	西湖龙井老虎洞组剖面	西湖区	层型典型剖面	石炭纪	省级
34	西湖翁家山黄龙组—船山组剖面	西湖区	层型典型剖面	石炭纪—二叠纪	省级
35	萧山直坞—高洪尖上墅组剖面	萧山区	层型典型剖面	青白口纪	省级
36	富阳骆村晋宁运动构造不整合面	富阳区	不整合面	早南华世	省级
37	临安马啸加里东运动构造不整合面	临安区	不整合面	志留纪末—泥盆纪初	省级
38	富阳章村背斜构造	富阳区	褶皱与变形	早青白口世	省级
39	临安马啸东西向褶皱构造	临安区	褶皱与变形	志留纪末	省级
40	杭州临安山字型构造（北干山）	萧山区	褶皱与变形	中—晚三叠世	省级
41	西湖宝石山杭州棋盘格式构造	西湖区	断裂	早白垩世	省级
42	萧山南阳推覆构造	萧山区	断裂	早白垩世	省级
43	富阳里山推覆构造	富阳区	断裂	早白垩世	省级
44	桐庐延村桐庐人化石产地	桐庐县	古人类化石产地	第四纪	省级
45	建德乌龟洞建德人化石产地	建德市	古人类化石产地	更新世	省级
46	淳安姜吕塘腕足动物群化石产地	淳安县	古生物群化石产地	晚奥陶世	省级
47	淳安三宝台锑矿	淳安县	典型矿床类露头	侏罗纪	省级
48	建德岭后铜矿	建德市	典型矿床类露头	石炭纪、早白垩世	省级
49	临安千亩田钨铍矿	临安区	典型矿床类露头	早白垩世	省级
50	淳安千岛湖石林岩溶地貌	淳安县	碳酸盐岩地貌	更新世	省级
51	建德灵栖洞岩溶地貌	建德市	碳酸盐岩地貌	更新世	省级
52	临安大明山花岗岩地貌	临安区	侵入岩地貌	中新世	省级
53	余杭山沟沟花岗岩地貌	余杭区	侵入岩地貌	更新世	省级
54	建德富春江风景河段	建德市	河流（景观带）	更新世	省级
55	淳安千亩田湿地	淳安县	湿地沼泽	中新世	省级
56	临安浙西天池	临安区	湿地沼泽	中新世	省级
57	临安湍口温泉	临安区	泉	更新世	省级

续表1-5-1

序号	遗迹名称	位置	地质遗迹分类	地质时代	级别
58	杭州虎跑泉	西湖区	泉	更新世	省级
59	建德大慈岩火山岩地貌	建德市	火山岩地貌	中新世	省级
60	临安浙西大峡谷	临安区	峡谷	中新世	省级

注：岩溶又称喀斯特，本书统一使用"岩溶"一词。

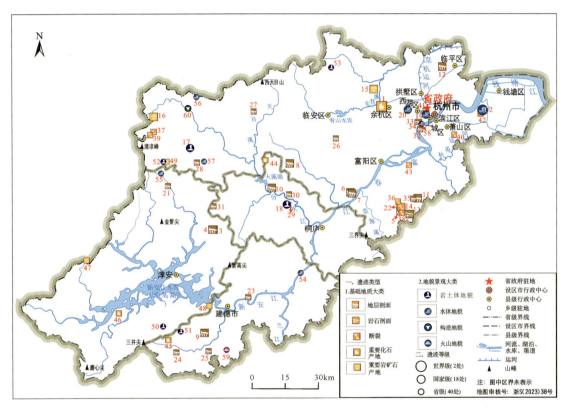

图1-5-1 杭州市重要地质遗迹分布图

表1-5-2 杭州市主要自然景观类自然保护地一览表（截至2020年）

序号	自然保护地名称	类型	级别	行政区域	批建年份
1	天目山国家级自然保护区	自然保护区	国家级	临安区	1986
2	清凉峰国家级自然保护区	自然保护区	国家级	临安区	1998
3	杭州西湖风景名胜区	风景名胜区	国家级	西湖区	2005
4	富春江-新安江风景名胜区	风景名胜区	国家级	淳安县	2011
5	超山省级风景名胜区	风景名胜区	省级	余杭区	1993

13

续表 1-5-2

序号	自然保护地名称	类型	级别	行政区域	批建年份
6	午潮山国家森林公园	森林公园	国家级	西湖区	1992
7	大奇山国家森林公园	森林公园	国家级	桐庐县	1992
8	富春江国家级森林公园	森林公园	国家级	建德市	1995
9	青山湖国家森林公园	森林公园	国家级	临安区	1999
10	径山(山沟沟)国家森林公园	森林公园	国家级	余杭区	2006
11	桐庐瑶琳国家森林公园	森林公园	国家级	桐庐县	2008
12	杭州半山国家森林公园	森林公园	国家级	拱墅区	2010
13	杭州西山国家级森林公园	森林公园	国家级	西湖区	2012
14	千岛湖国家森林公园	森林公园	国家级	淳安县	1986
15	东明山省级森林公园	森林公园	省级	余杭区	1992
16	龙门森林公园	森林公园	省级	富阳区	1992
17	新安江省级森林公园	森林公园	省级	建德市	1993
18	黄公望森林公园	森林公园	省级	富阳区	1994
19	长乐省级森林公园	森林公园	省级	余杭区	2001
20	昌化省级森林公园	森林公园	省级	临安区	2005
21	太湖源省级森林公园	森林公园	省级	临安区	2005
22	桐庐云湖省级森林公园	森林公园	省级	桐庐县	2017
23	萧山石牛山省级森林公园	森林公园	省级	萧山区	2018
24	萧山杨静坞省级森林公园	森林公园	省级	萧山区	2018
25	城市森林公园	森林公园	省级	富阳区	2009
26	桐庐白云源省级森林公园	森林公园	省级	桐庐县	2010
27	贤明山森林公园	森林公园	省级	富阳区	2019
28	大明山省级地质公园	地质公园	省级	临安区	2014
29	西溪国家湿地公园	湿地公园	国家级	西湖区	2005
30	桐庐南堡省级湿地公园	湿地公园	省级	桐庐县	2015
31	富春江咕噜咕噜岛省级湿地公园	湿地公园	省级	富阳区	2012
32	桐庐萝卜洲省级湿地公园	湿地公园	省级	桐庐县	2017

1 杭州地史篇

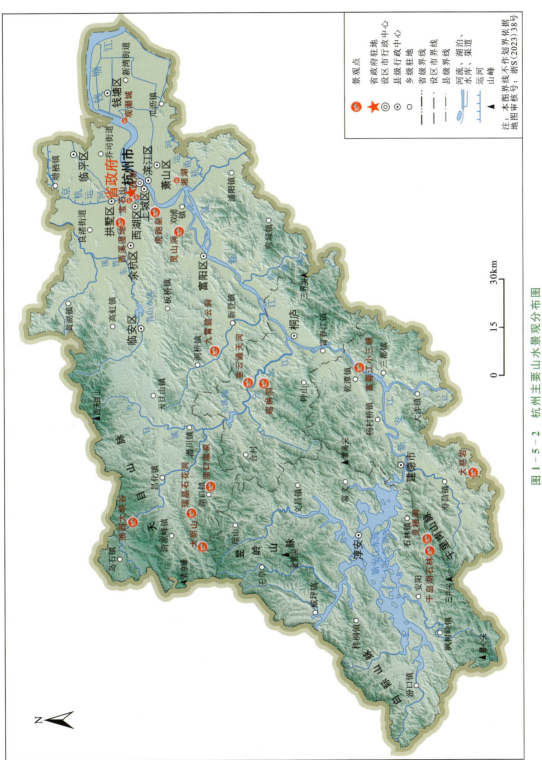

图1-5-2 杭州主要山水景观分布图

15

杭州山水

2

山体地貌景观篇

2.1 大明山

2.1.1 概况

大明山位于临安区西部清凉峰镇,距离杭州 116km(图 2-1-1)。《昌化县志》载:"大明山,县西九十里,其巅广千余亩,如平地。"故也称千亩田。相传朱元璋曾在此秘密屯兵操练,凭借大明山山势险要、易守难攻的特点,迅速壮大队伍,后平定中原,成就霸业,建立了大明王朝,此山遂名大明山。大明山地形高差达千余米,山高谷深,层峦叠嶂,群峰耸立,气势壮观,是国家 AAAA 级景区,也是杭州市首个省级地质公园。公园总面积 20.17km²,拥有大小景点 96 处,是浙江唯一一处花岗岩峰丛集中分布的地貌景观区。它雄峙在浙皖交界的绿海翠岭之中,景色秀丽,四季如画,因与黄山的地貌景观相似,又被称为"小黄山"。

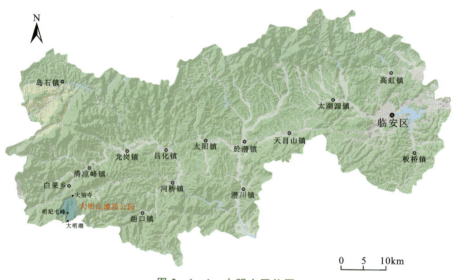

图 2-1-1 大明山区位图

2.1.2 地貌景观

大明山海拔在 320~1400m,最高峰为覆船尖,海拔 1 489.9m。花岗岩地貌景观主要发育区山体海拔为 700~1400m,总体属于幼年期花岗岩山岳地貌景观,可分为峡谷峰岭区和缓丘宽谷区(或层状地貌区)两个地貌单元(图 2-1-2),拥有 32 座奇峰、13 道幽涧、8 条飞瀑和多处高山草甸(剥蚀面)地貌景观。

峡谷峰岭区位于北部,海拔在 1100m 以下,最低处海拔 350m,地势高低反差强烈,地形切割强,流水侵蚀作用明显,是大明山花岗岩峰丛地貌的集中出露区,主要发育花岗岩构造侵蚀地貌景观(峰丛、陡崖、石柱等)和花岗岩流水地貌景观(峡谷、壶穴、瀑布等),另外还有少量花岗岩崩积地貌景观。缓丘宽谷区位于地势较高的南部,与峡谷峰岭区相接。在海拔1100~1450m的山顶上,山体多呈馒头状,山间谷地开阔、平坦,主要发育花岗岩风化剥蚀地貌景观(包括千亩田剥蚀面、惊马岗保留的花岗岩风化壳和石蛋等),是区域Ⅰ级夷平面的组成部分。

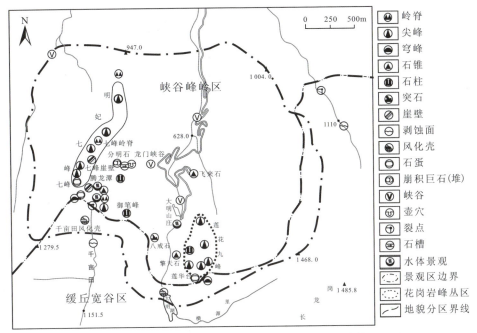

图2-1-2 大明山花岗岩地貌景观分布图(据齐岩辛等,2016)

1. 千亩田湿地

千亩田湿地位于大明山南部的缓丘宽谷区,海拔在1100m左右,地形平缓,坡度一般小于10°,是一处群山环抱的小型山间河谷盆地(图2-1-3),整体形状呈狭长的条带形,宽200~300m,南北向延伸约1.5km,总面积约0.7km²。湿地基底由震旦纪的砂岩和白垩纪的花岗岩组成,周边的穹状山体缓坡上分布有厚度0.8~2m的风化壳和大量的花岗岩石蛋地貌(图2-1-4)。湿地中则发育山地泥炭沼泽土,是重要的含水层,为龙门峡谷提供源源不断的水。

2. 明妃七峰峰丛

山脊顶部的7个山峰(尖峰)基座相连,形成近北北东走向一字排开的花岗岩峰丛地貌(图2-1-5),七峰从北到南依次为落雁峰、剑眉峰、霜冷峰、羞月峰、湘愁峰、玉笋峰、广袖峰,据传是后人为纪念朱元璋的7个妃子而取的名字,峰如其名,神态各异,风姿绰约。峰丛总延

图 2-1-3 千亩田湿地

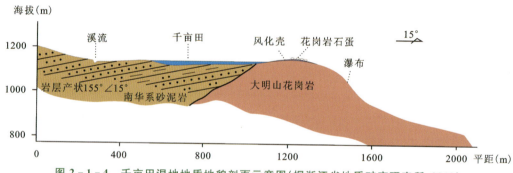

图 2-1-4 千亩田湿地地质地貌剖面示意图(据浙江省地质矿产研究所,2013)

图 2-1-5 明妃七峰花岗岩峰丛(大明山地质公园提供)

伸长度约1500m，宽200～300m，山峰海拔1100～1200m，单个峰体相对高差50m左右，峰体东、西两侧形成坡度60°以上的陡崖，个别峰体顶部可见残留的花岗岩石蛋。整体上，明妃七峰的山顶海拔与千亩田所在的缓丘宽谷区海拔相当，属于区域Ⅰ级夷平面。

3. 莲花九峰峰丛

莲花九峰峰丛位于大明湖（烂塘湾水库）所在的缓丘宽谷区的北侧，从东到西依次为一叶峰、二际峰、三宝峰、四大峰、五宗峰、六合峰、七佛峰、八指峰、九五峰。单个山体形态主要为尖峰和穹峰，底座连在一起，形成峰丛景观，状如盛开的莲花（图2-1-6）。山峰顶部海拔1100～1200m，与明妃七峰相当，单个峰体相对高差50m左右。山体形态分布具有一定的规律性，沿山坡从下往上依次发育石柱、尖峰、穹峰，显示了侵蚀强度和阶段的不同。

图2-1-6　莲花九峰峰丛（大明山地质公园提供）

4. 龙门峡谷

龙门峡谷是大明山的精华，与大明山有关的"明"文化也集中于此，被赞为"大明神秀，藏龙卧虎一峡中；山川秀美，危峰奇瀑竞峥嵘"。峡谷自海拔1124m的千亩田裂口开始，经落差近百米的龙门三叹瀑布向东流淌，直到龙门峡谷，总落差400余米，延伸约1200m，谷底平均坡度为20°，两侧山体坡度为45°～50°，局部直立（图2-1-7）。龙门三叹瀑布是大明山最著名、最壮观的瀑布（图2-1-8），源自千亩田的玉龙溪，在千亩田裂口从峭壁悬崖飞流直下，总落差近100m，总长度约180m，发育三瀑三潭。丰水期，龙门三叹瀑布奔泉如泻玉，水声如雷鸣，云雾、瀑布融为一体，堪称一绝。

图2-1-7 龙门峡谷（大明山地质公园提供）
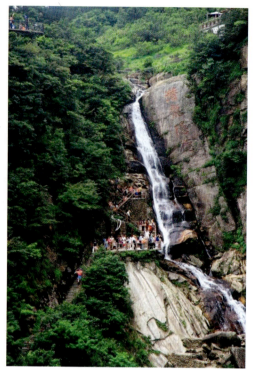
图2-1-8 龙门三叹（大明山地质公园提供）

2.1.3 矿业资源和矿业遗迹

除了典型的花岗岩山岳景观，大明山还有浙江省重要的典型矿床和采矿遗迹——千亩田钨铍矿。千亩田钨铍矿属于岩浆热液脉型矿床，是中国东南地区典型的钨铍共生矿床，也是浙江最重要的钨铍矿原料产地，其中探明钨矿资源量800余吨（WO_3），铍矿资源量400余吨（BeO）。钨铍矿产于花岗岩与围岩（震旦系砂岩）侵入接触的内接触带上，主要赋矿岩石为花岗岩，矿脉呈北东东向或近东西向平行分布（图2-1-9）。千亩田钨铍矿发现于1958年，在1959—1982年间开采，经过20多年的开采，留下了大量保存完整的采矿遗迹，具有极高的科普价值和观赏价值。

矿山闭坑后遗留了大量采矿巷道，号称万米岩洞。巷道开凿在花岗岩中，高1.7～1.9m，宽约1.5m，巷道内岩体完整，稳定性好，现已开通近1000m长的采矿巷道作为景区游客的旅游通道（图2-1-10）。原为千亩田钨铍矿提供洗矿用水的烂塘湾水库，已被改建为大明湖水上乐园（图2-1-11），原矿山办公用房和工棚等则成为大明山庄旅游接待设施。利用采空区和坚硬陡峭的花岗岩山体开发悬空栈道，沿栈道穿过多条灰白色石英脉，景观甚为壮观（图2-1-12），有的采空区成为悬崖绝壁，是绝佳的攀岩场所。凡此种种矿业遗迹，与大明山花岗岩地貌景观相映成趣，极具观赏性。

2 山体地貌景观篇

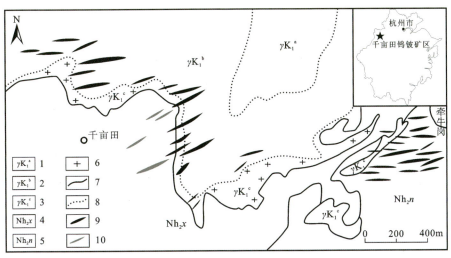

图 2-1-9 千亩田钨铍矿区地质略图（据黄国成等，2012）
1.岩体内部相；2.岩体过渡相；3.岩体边缘相；4.休宁组；5.南沱组；6.云英岩化；
7.地质界线；8.岩相界线；9.出露矿体；10.隐伏矿体

图 2-1-10 已开发采矿巷道
（大明山地质公园提供）

图 2-1-11 为洗钨而修建的大明湖
（大明山地质公园提供）

图 2-1-12 御笔峰栈道的石英脉（大明山地质公园提供）

23

2.1.4 地质地貌演化史

中国东南沿海地区在早白垩世(距今1.45亿～0.99亿年)曾发生大规模的岩浆活动,大明山花岗岩体就是这期间岩浆侵入活动的产物。

大明山花岗岩体,被地学界称为学川岩体,是一个多期次侵入形成的复式岩体。在距今1.36亿～1.23亿年期间(Wu et al.,2012;黄国成等,2012),该地区至少发生过3期岩浆侵入事件:早期为中粗粒二长花岗岩(距今约1.36亿年),中期为细粒二长花岗岩(距今约1.26亿年),晚期为细粒花岗岩(距今约1.23亿年)。岩体总体呈北东东向侵入于印支期背斜构造的轴部,围岩主要是南华纪、震旦纪和寒武纪地层,岩体沿北东东向长约20km,宽2～4km,地表出露总面积近60km²,而在地下0～800m的深度,其面积可达188km²。多次岩浆侵入也为千亩田钨铍矿的形成带来了丰富的成矿物质,同时在岩体侵入的前锋或顶面凸起部位形成了张性裂隙构造,为钨铍矿的形成提供了有利的成矿空间(图2-1-13)。

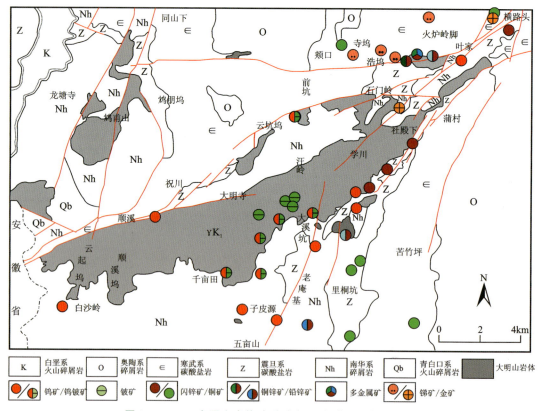

图2-1-13 大明山岩体地质矿产图(据黄国成等,2013)

大明山花岗岩地貌,主要是在中期二长花岗岩和晚期花岗岩的基础上逐步发展演化而来的(图2-1-14)。大明山岩体的多期次岩浆侵入活动,使大明山一带成为一个隆起的地块,特别是古新世(距今约6600万年)以来的新构造运动,使区域地壳进一步抬升。经历2000多

2 山体地貌景观篇

万年的抬升剥蚀后,原地表的岩层剥蚀殆尽,使得原本埋于地下 2～6km 深的大明山花岗岩体被剥露出地表。始新世(距今约 4500 万年),地壳回归稳定,进入了稳定剥蚀阶段,先前形成的山体被削高补低,向准平原化发展,逐渐形成了千亩田"平原",这也是大明山花岗岩地貌演化的地貌基础。渐新世(距今约 3300 万年)以来,受喜马拉雅造山运动的影响,区域地壳再次进入间歇性的不等量升降运动时期,千亩田"平原"被逐步改造,并经过多次的夷平、侵蚀、剥蚀作用,形成千亩田及其他多级剥蚀面。第四纪(距今约 258 万年)以来,地壳运动仍以间歇性抬升为主,气候湿润,雨量充沛,水流的侵蚀强度加大,流水沿岩体内发育的节理和裂隙侵蚀下切,将岩体切割,形成悬崖陡壁,再经风雨侵蚀,重力崩塌,形成花岗岩峰丛、峡谷等地貌景观,而在残留的剥蚀面上则形成了风化壳、石蛋等地貌。

①距今1.36亿年,燕山构造运动早期,岩浆活动强烈,酸性岩浆沿断层侵入南华系,形成中粒花岗岩。

②距今约1.23亿年,酸性岩浆再次以脉状穿插侵入花岗岩中,经热液作用,钨、铍等物质聚集起来,形成了钨铍矿床。

③古新世(距今6600万年)地壳全抬升,先期岩层遭受剥蚀。

④至始新世中期(距今4500万年),原本埋藏在地下2.3~6.6km处的花岗岩被剥露地表。

⑤约3300万年前,地壳回归稳定,山体削高补低,向准平原化发展。到渐新世(距今3300万年)时,形成了千亩田"平原"。

⑥渐新世(距今3300万年)后,喜马拉雅运动开始,地壳间歇性抬升,千亩田"平原"被逐步改造。后期又经历多次夷平、侵蚀、剥蚀,形成千亩田及其他多级夷平面。

⑦第四纪(距今258万年)以来,气候湿热,雨量充沛,地壳以间歇性抬升为主,水流的侵蚀强度加大,不断下切,并向源头发展,裂点上移,形成峡谷、跌水和瀑布,残留了千亩田夷平面。

⑧最后,峡谷两侧花岗岩体在重力作用下,不断沿结构面崩塌,形成峰丛、石蛋等地貌景观。

图 2-1-14　大明山地质地貌演化图(据浙江省地质矿产研究所,2013 修改)

> **小知识**
>
> **复式岩体**：是不同时代花岗岩类岩体在空间上的共生，其各组成部分彼此之间不存在必然的成因联系，它们可以是同一成因类型的花岗岩类，也可以是不同成因类型的花岗岩类。
>
> **侵入岩岩石粒度划分标准**：以岩石中主要矿物颗粒的绝对大小为标准，大于10mm为巨粒，5～10mm为粗粒，2～5mm为中粒，0.2～2mm为细粒，小于0.2mm为微粒。

大明山花岗岩地貌从高到低表现为"剥蚀面-山峰（穹峰、尖峰、石柱等）-峡谷"地貌模式（图2-1-15），反映了以千亩田为代表的区域剥蚀面形成后，因地壳抬升、流水溯源侵蚀等，被逐渐分割形成各种地貌形态的演化过程。

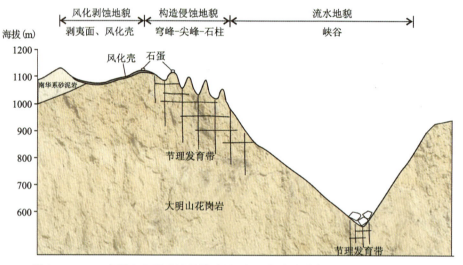

图2-1-15 大明山花岗岩地貌模式（据浙江省地质矿产研究所，2013修改）

2.2 天目山

2.2.1 概况

天目山位于杭州市临安区城北，古称"浮玉山"，含东天目、西天目两山，因东、西主峰的峰顶各有一水池，四季不涸，宛若双眸仰望苍穹，由此得名"天目"，又称"天眼山""天池山"。东

2 山体地貌景观篇

东天目以瀑布取胜,西天目以林为胜,素有"大树华盖闻九州"之誉。宋代文豪苏轼曾赞天目山,曰:"天目之山,苕水出焉,龙飞凤舞,萃于临安。"

天目山于1956年被国家林垦部(现国家林业和草原局)划为森林禁伐区,作为自然保护区加以保护,1986年晋升为国家级森林和野生动物类型自然保护区(图2-2-1),1996年加入联合国教科文组织"人与生物圈计划"(简称MAB),是浙江唯一一处进入全球生物圈自然保护区网的自然保护区,也是全国科普教育基地和全国青少年科技教育基地。

图2-2-1 天目山自然保护区范围示意图

2.2.2 森林景观

天目山保护区保存着长江中下游典型的森林植被类型,分布有高等植物246科974属2160种,生长有百年以上古树名木5511株,森林景观以"古、大、高、稀、多、美"称绝,享有"大树王国""天然植物园"之美誉。其中,最引人注目的有野生银杏、古柳杉、金钱松、天目铁木"四大绝景"。

天目山有262株中生代孑遗植物古银杏树。一株生长在海拔1050m悬崖上的古银杏树龄已超1.2万年,被誉为"世界银杏之祖",有大小树干20余根,组成了一个"五世同堂"的大家庭(图2-2-2)。

天目山的柳杉大树种群,被第三十五届国际植被学会议公认为"世界典型植被",目前有

27

图 2-2-2　五世同堂（刘柏良摄）

100年以上的柳杉2032株。其中,有一株树龄达2000余年、胸径达2.75m的柳杉被清乾隆皇帝敕封为"大树王"(图2-2-3),虽在20世纪30年代已经枯死,但是历经90余年仍傲立不倒,枯干上还寄生出了翠绿的新枝,实属罕见。在"大树王"旁的141号柳杉,树高约50m,胸径2.31m,被公认为天目山的新"大树王"(图2-2-4)。

图 2-2-3　老"大树王"(蔡晓亮摄)　　图 2-2-4　新"大树王"(蔡晓亮摄)

　　金钱松,别名金松,其树干挺直,因皮鳞似铜钱而得名,在天目山分布有300余株。其中,最高的一株树高近60m,胸径为1.16m,树龄600余年,是国内同类树之冠,被称为"冲天树"(图2-2-5)。

　　天目铁木是天目山第一个被命名的模式标本,因树干扭转、枝条细软,俗称"扭筋树"。全球现仅天目山遗存5株,被称为"地球独生子"(图2-2-6)。

图 2-2-5　金钱松　　　图 2-2-6　天目铁木(刘柏良摄)

2.2.3　地貌景观

天目山地形以中山-深谷、丘陵-宽谷及小型山间盆地为特色,山峰海拔大多 1000m 以上,其中,西天目主峰仙人顶海拔 1506m,东天目主峰大仙峰海拔 1479m,东、西天目山隔谷相望。山体由白垩纪早期(距今 1.35 亿～1.25 亿年)火山喷发形成的火山岩组成,岩性主要有流纹岩、流纹斑岩、熔结凝灰岩等(张建芳等,2018)。山体岩石质地坚硬,节理裂隙发育,经各种外力地质作用改造后,形成火山岩地貌、石浪堆积地貌、峡谷地貌以及瀑布等奇峰怪石水体景观。

火山岩地貌以柱峰、岩嶂、一线天为胜。西天目大树王景区内火山岩地貌景观较为集中,其中倒挂莲花峰是流纹斑岩受两组近于垂直相交(走向分别为北东 35°和北西 298°)的节理切割后形成的火山岩柱峰景观(图 2-2-7)。倒挂莲花峰东约百米的四面峰,是山体岩石受节理切割破裂并发生崩落后形成的岩嶂地貌景观(图 2-2-8)。倒挂莲花峰西侧岩体受一组近

图 2-2-7　倒挂莲花峰

东西走向的节理切割,破裂形成宽约5m、两侧崖壁高逾20m的一线天景观(图2-2-9)。西天目山仙人顶上,裸露的岩石受南北向和东西向两组节理切割形成火山岩石柱景观,石柱最高者高近7m,宽约1.5m,犹如柱子撑天,故名"天柱峰"。仙人顶西坡岩石由于近东西向的节理更为密集,将岩石切割成石板状,俗称"仙人锯板"(图2-2-10)。在龙王山南坡的千亩田和大境坞一带,岩石受近南北向和北西向两组节理切割形成典型的火山岩石林景观(图2-2-11、图2-2-12)。

图2-2-8 四面峰远眺

图2-2-9 一线天(葛华平摄)

图2-2-10 西天目仙人顶石柱和"仙人锯板"景观(张建芳摄)

图2-2-11 千亩田石林(蔡晓亮摄)

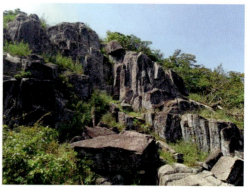
图2-2-12 大境坞石林(蔡晓亮摄)

石浪是天目山另一独特的地貌景观,在西天目山的千亩田(图2-2-13)、大境坞(图2-2-14)和东关等地均有分布,数万至数十万立方米的火山岩石块沿山体斜坡或山体凹槽顺坡簇拥堆叠,石块大小不一,小至数十厘米,大至数米,杂乱堆积。对于石浪的成因有两种解释:一种是以李四光先生为代表的第四纪冰川堆积成因说;另一种观点则认为石浪是火山岩受构造、节理切割后发生破裂,并在后期风化、侵蚀、冻融等外力地质作用下发生崩塌,滚落于山坡堆积而成。

图2-2-13 千亩田石浪(蔡晓亮摄)　　图2-2-14 大境坞石浪(蔡晓亮摄)

天目山山体切割强烈,河谷深切700~1000m,峭壁突生,怪石林立,峡谷众多,其中以天目大峡谷最具代表。天目大峡谷位于东、西天目山之间,源头位于龙王山顶,近南北向全长约6km,垂直落差700余米,谷底宽仅10m左右,属"V"字形峡谷(图2-2-15)。峡谷两侧岩石中节理极为发育,导致岩石破裂崩落堆积于谷中,谷壁上残留的岩石形成石柱、岩嶂等景观,谷中则巨石堆叠,10~4000t的巨石有5000多块,形成各种拟态石景观(图2-2-16),如官帽石、迎客石、青蛙石、飞来石等。因谷中巨石之多,天目山峡谷在2002年被编入"世界吉尼斯"。

图2-2-15 天目山峡谷

图 2-2-16　天目峡谷中的拟态石景观(左官帽石,右青蛙石)

天目山岩悬壁陡,降水量大,流水遇崖倾泻即成瀑,著名的有东天目山东崖瀑(图 2-2-17)、西崖瀑、九连瀑,西天目山的伏虎瀑(图 2-2-18)、众字瀑等。东崖瀑俗称东瀑,位于东天目山东瀑大峡谷的尽头,瀑布高达 86m,从香庐峰和龙须峰之间的白龙池峭壁上飞奔而下,势不可挡。西崖瀑俗称西瀑,位于东瀑以西 300m 处,瀑布从大仙峰与二仙峰峰顶峡谷流出,落差达 360m,气势磅礴。东瀑和西瀑组成了东天目山老八景之一的"悬崖瀑布"景观。

图 2-2-17　东天目山东崖瀑(左东崖瀑,邢金海摄)和西崖瀑(右西崖瀑,葛华平摄)

2.2.3 地质演化史

距今1.3亿年前后(王德恩等,2014;张建芳等,2018;刘健等,2019),现昌化—天目山—湖州莫干山一带发生了大规模火山喷发,岩浆沿着带状分布的数十个火山口喷出地表,留下了长达140km的火山岩带,东天目山和西天目山就是当时形成的两座古火山(图2-2-19)。该火山岩带的火山喷发过程可分为4个阶段,其中西天目古火山主要由第二阶段和第四阶段的火山喷发产物形成,东天目古火山则主要由第二阶段和第三阶段的火山喷发产物形成,因晚期火山喷发物质的覆盖,第一阶段的火山喷发产物仅在天目山外围(火山机构边缘)有少量出露(图2-2-20、图2-2-21)。

西天目古火山形态呈北西向不规则状,长约8km,宽2~5km不等,边部陡,或呈陡崖状,中心较为平坦,其中主峰龙王山海拔

图2-2-18 西天目山伏虎瀑(王文彬摄)

1587m。西天目古火山属于穹状火山,其中心由第四阶段喷出的酸性流纹岩组成。酸性的熔浆由火山通道缓慢上涌并挤出地表,因黏度大而不易发生流动,仅在火山口周围堆积形成熔岩,火山口堵塞后,岩浆无法涌出地表,只能在地下冷凝形成侵入体,同时先前形成的熔岩因新上升岩浆的推力而拱起,使之形成边部陡峭、中心平缓的穹状形态。

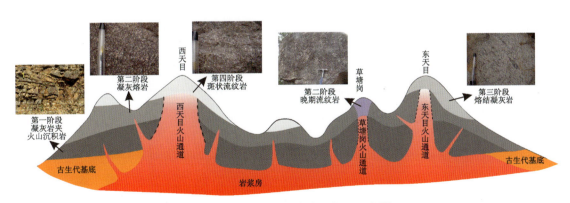

图2-2-19 天目山古火山剖面示意图

图 2-2-20 东、西天目山远眺（据《浙江通志》编辑委员会，2018）

注：左侧最高峰为西天目山仙人顶，右侧最高峰为东天目山大仙峰。

| 2 山体地貌景观篇 |

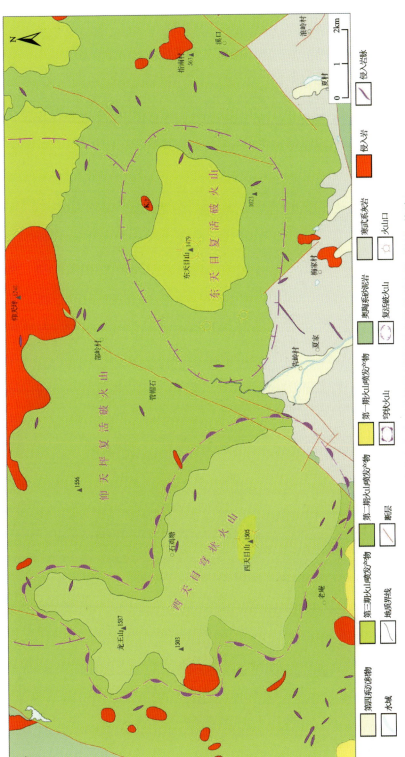

图 2-2-21 天目山火山构造地质简图（据浙江省省地质调查院，2015a 修改）

东天目古火山平面上呈椭圆形,东西向长近6km,南北向宽4~5km,中心凸起呈高山,最高点海拔1479m,山顶地势较为平缓,山体边部地势陡峻。东天目古火山曾发生两次火山喷发,对应区域上第二阶段和第三阶段火山喷发。第二阶段火山喷发段规模大,强度高,早期发生强烈爆发,形成覆盖面积极广的火山碎屑岩(集块角砾岩、晶玻屑凝灰岩),晚期喷发强度减弱,岩浆沿火山通道上涌,像挤牙膏一样从火山口被挤出地表,围绕火山口堆积成熔岩,直至堵塞火山通道,火山物质主要出露在东天目山西侧的草塘岗等地。第三阶段火山喷发规模变小,形成的熔结凝灰岩等火山岩仅分布于东天目山山顶地区。

2.3　浙西大峡谷

2.3.1　概况

浙西大峡谷位于浙皖交界的清凉峰国家级自然保护区内(图2-3-1),因地处浙江西北部而名"浙西",是华东地区延伸最长、植被保护最好、山水风景最佳、峡谷内居住人口最少和离大都市距离最近的峡谷,因此被誉为"华东第一旅游峡谷",又有"浙西神农架"之称。浙西大峡谷属黄山山系的余脉,水源与钱塘江属同一源头,谷内山高水急,自东向西分为龙井峡、上溪峡和浙门峡3个景段,三者构成一个环形,全长83km,延展面积达0.84km²。

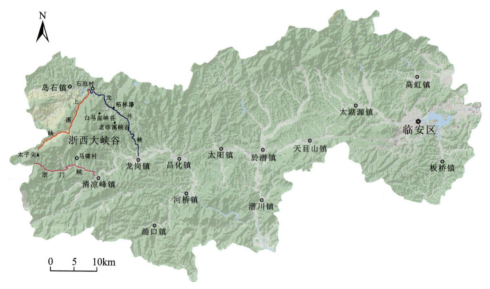

图2-3-1　浙西大峡谷区位图

2.3.2 峡谷特征

浙西大峡谷处于低山丘陵区,海拔一般200~1000m(图2-3-2),最低海拔约100m,最高海拔1558m,谷深大于谷宽,谷坡陡峻,坡度一般为45°~85°,地貌上呈现"V"字形。

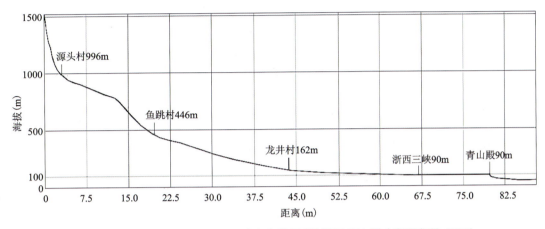

图2-3-2　浙西大峡谷纵剖面高程变化图(据浙江省地质矿产研究所,2013)

峡谷第一景段为龙井峡,自龙岗镇地塔村起经大峡谷镇太平桥到鱼跳乡石浪村止,全长22km,谷宽60m左右,落差200~400m,两侧山体主要为中生代火山岩,峡内奇峰秀瀑、危岩陡峭,有"白马岩中出,黄牛壁上耕"之誉。其中,龙井峡段是浙西大峡谷的核心景区,也是唯一被开发接待游客的景区,主要有剑门关峡谷、老碓溪峡谷、白马崖峡谷、柘林瀑等地貌景观点。峡谷第二景段为上溪峡,自鱼跳乡华光桥起至上溪乡太子尖止,长约26km,峡谷地势高峻,水流湍急,山石奇趣,是国宝昌化鸡血石的唯一产区。峡谷第三景段为浙门峡,自太子尖起至马啸狮石垅村止,全长近30km,峡谷内山瀑叠生,石岚争俏,有小石门等景观。

2.3.3 主要地貌景观

1. 剑门关峡谷

剑门关峡谷以溪流西侧山石似剑而得名,崖壁南边"剑门关"3个红字镌刻崖间,为浙西大峡谷重要的组成部分。此段峡谷呈"S"形展布,谷底水面宽约25m,两侧落差约50m,坡度近45°,局部发育陡壁、石柱等,其中两块相向对峙的石柱,与五峰相对而立,构成一扇"石门"的地貌形态。峡谷两侧基岩裸露,在多个方向的节理控制下,常形成火山岩岩嶂和峰丛景观(图2-3-3)。

图 2-3-3 剑门关峡谷

2. 老碓溪峡谷

老碓溪峡谷为"丁"字形峡谷交会处，由上游两条较大支流于本处交汇流入下游，宽约40m，两侧坡度可达70°，水量较大，具峡谷、石景、水景等景观。峡谷处于两溪交汇处的一片滩地，因当地山民曾在此处建造水碓用来舂米、磨粉、打油的处所而得名，现被开辟为旅游区，以山水风光和农耕文化景观相交融为主要特色，在原有水碓群的基础上，复建部分农家水碓，并开发了峡谷漂流等娱乐项目(图2-3-4)。老碓溪地势较平(图2-3-5)，两侧怪石林立，移步换景，令人目不暇接。以状如船头的溪中砥石为主景，砥石从西边看如风展红旗，正面看如巨轮下海，气势恢宏。

图 2-3-4 老碓溪峡谷漂流

图 2-3-5 老碓溪峡谷景区

3. 白马崖峡谷

白马崖峡谷为浙西大峡谷上游西南侧的一条重要支流,峡谷内崖壁(岩嶂)、崩积巨石、瀑布多处发育,落差10～50m,坡度达到70°。景区沿溪辟出游步道,游客绕山环行,沿途可观赏到很多岩峰、峭壁、溪石、飞瀑(图2-3-6),体验大自然的原生态魅力。峡谷主要岩性为火山岩,局部出露花岗闪长岩体。峡谷河道中多瀑跌水,水量受降水控制明显,因此暴雨期间不便游览。

图2-3-6 白马崖峡谷风光

4. 柘林瀑

柘林瀑位于浙西大峡谷上游北侧的一条重要支流——柘林坑。柘林坑整体呈近南北向蛇曲延伸,沿线出露岩石均为火山岩,两侧山体陡峻,坑内发育多处岩嶂、崩积巨石、瀑布、潭池等景观(图2-3-7)。瀑布落差一般10～50m不等,以柘林瀑最具特色。柘林瀑由上、下两级瀑布组成,上瀑为龙门瀑(图2-3-8),瀑面宽泛如悬挂的幕帘;下瀑为炎生瀑,出水处呈凹形,瀑面细长如软练之状,故有"如帘如练"之誉。

图2-3-7 柘林坑岩嶂　　　　　图2-3-8 龙门瀑

2.3.4 峡谷成因

白垩纪早期（距今约1.3亿年），多期次、多旋回的火山喷发活动形成了致密、坚硬的巨厚火山岩，它们具有性脆、抗压、抗剪、抗风化能力高的特点。这些火山岩堆叠成了相对完整、平坦的火山岩台地，为峡谷的形成奠定了物质基础和地貌基础。在后期断层切割和差异性地壳升降运动的影响下，脆性的火山岩极易发生断裂和破碎，在长期的风化、侵蚀作用下，原本统一的火山岩台地逐渐被分割成若干个独立台地。在各台地之间，早期先形成线谷，随着流水的溯源侵蚀、侧向侵蚀及重力崩落作用的持续进行，线谷逐渐演变为巷谷，最终形成峡谷地貌（图2-3-9）。

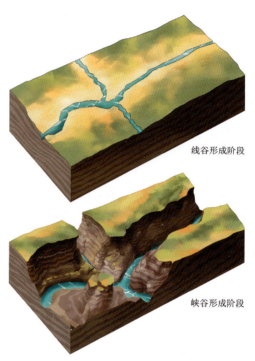

图 2-3-9 峡谷形成演化示意图

浙西大峡谷的形成大致经历了3次地貌夷平和河流下切过程。古近纪时期（距今6600万~2303万年），区域构造活动较弱，总体处在地壳缓慢抬升、构造侵蚀剥蚀阶段，形成了海拔1500~1787m的区域Ⅰ级夷平面，现残留清凉峰、太子尖和玉岩山等地。而后地壳趋于稳定，构造侵蚀、剥蚀作用占主导，直至新近纪末期（距今360万~258万年），形成了海拔500~1000m的区域Ⅱ级夷平面。第四纪（距今258万年）以来，地壳处于缓慢升降的动荡过程，峡谷区的河流下切、溯源侵蚀作用强烈，最终形成如今的峡谷地貌景观。

2.4 宝石山

2.4.1 概况

宝石山位于西湖北岸，海拔不足百米，原名落星山，又名寿星宝石山、巨石山。如果你从宝石山的东西、东南两个方向登山，你会发现，在沿途的登山步道以及出露的山体岩石中，随处可见许多美丽的红色碧玉镶嵌其中，在朝霞或晚霞的映射下闪闪发光，瑰丽如霞，故名宝石山。宝石山和葛岭、栖霞岭共同组成一道绵延的岭脊，成为西湖北面的一道屏障（图2-4-1），

2 山体地貌景观篇

上山道路四通八达,东面有宝石山下一弄、宝石山下二弄、宝石山下三弄、宝石山下四弄(图2-4-2),南有北山蹬道,西接葛岭山脊主道,北连黄龙洞,山顶矗立着与雷峰塔隔湖相望的保俶塔,是俯瞰杭州城区和西湖的极佳观赏地。

图2-4-1 宝石秋色(刘永明摄)

图2-4-2 宝石山导览图

41

2.4.2 宝石山的奇峰怪石

从北山街的宝石山下一弄登山，行数百步，见一凸岩卓立于山腰，相传秦始皇巡游至此曾系船于石上，石头上许多类似正方形的石孔就是缆船的隼头安放处，因此取名"秦王缆船石"，又因凸岩正面状如半身巨佛，俗称"大佛头"（图2-4-3）。宋代僧人思净刻大石佛于此，后来又有石佛山之称。从西湖的整个演变历程来看，在秦朝时，西湖还是与钱塘江连通的一个海湾，故有秦始皇缆船于此的传说。在秦王缆船石旁便是杭州市文物保护单位——大佛寺遗址。

图2-4-3 秦王缆船石（左侧面，右正面）

从秦王缆船石继续向西行约80m，即至宝石山造像。宝石山造像始建于明朝，距今已有600多年，原有摩崖造像20龛28尊，延绵50余米，于20世纪60年代遭破坏。现存造像大都已残缺不全，只见龛廓，仅存2尊较为完整，一尊像高0.6m，结跏趺坐于莲台之上，另一尊为僧人立像作担物状，高0.5m（图2-4-4）。宝石山火山岩致密坚硬且块度完整，不仅是上好的石材，还为凿刻造像提供了理想场所。仔细观察，就会发现，这里的石壁上有几条裂隙，它们是岩石本身发育的节理。这种岩石机理特征为先民开凿造像创造了先天优势，有多座龛坑都沿这些岩石节理开凿而成。

在宝石山，你一定会被山顶的那几块光圆突兀的巨石吸引。由保俶塔西行至来凤亭旁，有一块直径约3m的椭圆形巨石搁置于山巅，摇摇欲坠，犹如天外坠落，俗称"落星石"，又叫"寿星石"（图2-4-5），它是由原地崩落堆积的巨石经风化后形成的。来凤亭向西，经过一表面布满大小不一"宝石"的岩块后，有一规模不大的石洞，名为"正川洞"（图2-4-6），洞顶由一滚落的巨石压覆而成，只有几个点与洞壁的基岩相接触，大有悬空压顶之势，洞壁上可见很多呈条带状排列的"宝石"。正川洞边上，只见巨石挺拔，两侧石壁陡立，形成一道刚好可供一人侧身通行的石缝，相传是钱镠（吴越武肃王，字具美）用脚蹬开的一条路，故名"蹬开岭"（图2-4-7）。穿过蹬开岭，来到由几大块光秃秃的岩石矗立而成的宝石山最高点——蛤蟆峰，从西湖不同角度向北远望此峰，或像狮子，或像古人戴的头巾，因此它还有狮子峰（图2-4-8）、巾帻峰、凤翔石等多个形象的名称。从蛤蟆峰远眺西湖，能清晰地观赏西湖全景，也是观赏日出的极佳平台。

图 2-4-4　宝石山造像

图 2-4-5　寿星石

图 2-4-6　正川洞

图 2-4-7　蹬开岭

图 2-4-8　蛤蟆峰（刘永明摄）

2.4.3 "宝石"的由来

距今约1.3亿年,宝石山一带曾发生猛烈的火山喷发,地下深处富含二氧化硅的酸性岩浆上侵至近地表,由于外界压力骤降发生爆炸,熔浆因爆炸迸溅,并混合其他火山碎屑一起涌出火山口,形成沿山坡流动的火山灰流,火山灰流在火山周围迅速堆积,压结后形成火山碎屑岩。在这些岩石表面,可以看到无数密集的、断续排列的且首尾不接的条纹状火山碎屑,这种现象在火山地质学上被称为假流纹构造,指示了古火山喷发时岩浆或火山灰流的流向。宝石山上的红色碧玉正是这些火山碎屑的一种,只不过由于宝石山离古火山口近,喷出的岩浆黏度大、碎屑数量多,因此形成了无数颗红色的"宝石"(图2-4-9),造就了新西湖十景之一的宝石流霞景观(图2-4-10)。

图2-4-9 宝石山岩石中的碧玉

图2-4-10 宝石流霞

小知识

碧玉岩：一种致密坚硬的石英质岩石，通常为火山喷发沉积成因，主要化学成分为二氧化硅（SiO_2），占80%左右，其次为铁氧化物（Fe_2O_3+FeO），还有少量其他黏土矿物，颜色常呈红色、棕色、绿色、玫瑰色等。铁氧化物使碧玉呈现出鲜艳红色，不易变色，不易风化，不易磨损，也不怕酸碱侵蚀，化学性质稳定。美丽且坚硬的碧玉可制成各种工艺品。

2.4.4 奇峰怪石的成因

宝石山上怪石嶙峋，有的悬置山顶，摇摇欲坠，有的斜依成峰，千姿百态，但它们有一个共同点——表面都呈球形。这正是节理切割加上风化剥蚀作用下的结果。

受区域构造作用的影响，宝石山一带的岩石普遍发育节理裂隙，其中以走向北东向和北西向的裂隙最为常见，它们相互交切构成了典型的棋盘式构造，把岩石切割成了菱形体（图2-4-11、图2-4-12）。同时岩石自身受热胀冷缩效应影响，也容易产生裂隙。各种裂隙交织，为后期岩石形态的雕琢提供了条件。流水侵蚀、风化剥蚀作用往往沿着这些裂隙进行，久而久之，整块岩石被分割成多块巨大的岩块，而球状风化作用将这些岩块的棱角逐渐磨去，使其最终变成现在的浑圆状，或崩落滚动堆积，或原地堆积。当流水和风化作用沿着某一延伸较长的裂隙不断向下侵蚀后，则会形成裂隙谷，如蹬开岭就是由一条北东走向的张性裂隙形成的裂隙谷。总之，正是因为节理被流水侵蚀的强烈切割和大自然的风化剥蚀作用，宝石山上才呈现出奇石险峰的景象。

图2-4-11 宝石山互相交切的节理

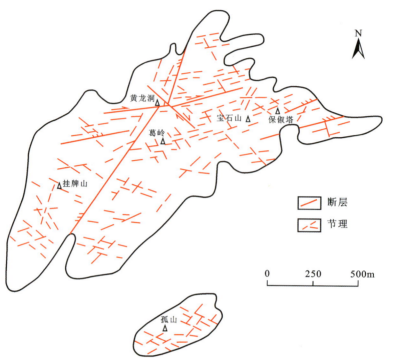

图2-4-12 宝石山一带节理发育特征示意图(据浙江省区域地质调查大队,1987)

小知识

岩石热胀冷缩：岩石是热的不良导体,其表层和内部在昼夜及季节温差变化的条件下,不能同步发生增温膨胀和失热收缩,因而在其表层与内部之间会产生引张力。在引张力的反复作用下,易产生平行及垂直于岩石表层的裂缝,从而使岩石碎裂。此外,岩石常由多种矿物组成,各种矿物因膨胀系数不同,就会在同一温度条件下发生差异性膨胀和收缩,导致矿物之间的结合力被削弱,岩石最终碎裂(图2-4-13)。

球状风化：岩块被裂隙切割成立方或斜方块体后,空气、水会沿裂隙渗入,棱角处的物理风化和化学风化速度最快,角和棱逐步消失,最终岩石逐渐圆化,形成球状外形。

图2-4-13 岩石热胀冷缩原理

2.5 大慈岩

2.5.1 概况

大慈岩位于建德市城南约24km处(图2-5-1),是一个佛教文化和秀丽山水完美结合的旅游胜地,是富春江-新安江-千岛湖国家级风景名胜区的重要组成部分,素有"浙西小九华"之誉,以"江南悬空寺、长谷溪流、全国第一天然立佛"闻名遐迩。据《建德县志》记载:"元大德年间,临安人莫子渊循梦意弃家来此,琢石为佛,号曰大慈,山以佛名。"大慈岩一名由此而来。

图2-5-1 大慈岩区位图

2.5.2 地貌景观

1. 火山岩嶂

大慈岩主峰海拔586m,发育典型火山岩岩嶂地貌景观,包括天门岩嶂、慈岩山岩嶂、清音阁岩嶂等。天门岩嶂是大慈岩景区的代表性岩嶂(图2-5-2),岩嶂呈近东西向展布,长约

400m,高 30～50m,崖壁上可见大量风化穴及竖向风化槽,形成蜂窝状洞穴(图 2-5-3),或竖向呈串,或横向呈链,单个穴体大小 0.3～2m,深 10～50cm,地藏王大殿就修建于其中最大的横向平洞内。慈岩山岩嶂位于天门岩嶂的北侧(图 2-5-4),岩嶂长约 500m,高约 100m,总体呈近南北向展布,与大慈岩主峰山脊走向一致。清音阁岩嶂位于天门岩嶂东侧,两者隔谷相望,岩嶂呈北西-南东向展布,高 60～80m,宽约 100m,边部可见石锥和凸岩发育,嶂面较平整,发育竖向风化侵蚀槽(图 2-5-5),清音阁就是依据部分风化槽特征而建。

图 2-5-2　天门山岩嶂

图 2-5-3　蜂窝状洞穴

图 2-5-4　慈岩山岩嶂

图 2-5-5　竖向风化侵蚀槽

大慈岩的岩嶂地貌景观主体由角砾凝灰岩组成,岩石中角砾含量高,成分变化大,易发生差异风化,特别是角砾风化后易脱落形成空洞,从而加速了岩体的风化崩落。岩嶂下部缓坡则多为晶屑熔结凝灰岩,角砾含量较少,岩石结构致密,质地硬,抗风化能力强,从而形成岩嶂的基座。

2. 天然立佛

从观佛台向西观察,大慈岩主峰呈现出一尊地藏王菩萨的立像,立佛高147m,其中头部高41.3m,宽60m(图2-5-6)。佛头岩性为角砾凝灰岩,这类岩石主要由大小不一的火山角砾和火山灰基质组成。经历漫长的地质作用后,成分不均的岩石发生差异性风化而形成或凸起或凹进的各种形态,组成了佛头的五官。佛头底部发育厚约2m的沉凝灰岩夹层,它相比角砾凝灰岩质地更软,也更易风化,风化崩落后形成了横向凹进的条带,其上部残留的角砾凝灰岩则刚好形成了佛头的下巴(图2-5-7)。整个立佛在奇石、怪洞、草木的和谐组合下,五官更为醒目,形象更加逼真,被有关专家鉴定后命名为"全国最大天然立佛",实属"中华一绝"。

图2-5-6 天然立佛

图2-5-7 大慈岩立佛岩性组合示意图

3. 悬崖洞穴建筑

悬崖洞穴建筑是大慈岩的一大特色,寺庙、栈道、索道都处处体现出一个"悬"字。其中,最具代表性的就是大慈岩主殿——地藏王大殿,大殿依山建于高 3m、长 60m、宽 20m 的洞穴中,一半凌架悬空,一半嵌入岩腹,属于典型的洞穴式悬空寺(图 2-5-8),被称为"慈岩悬楼",颇为奇险壮观。大殿所处的洞穴是大慈岩景区众多悬崖洞穴的代表,洞穴底部与佛头下巴基本齐平,它们属同一层沉凝灰岩,正是质地更软、更易风化的沉凝灰岩风化崩落后形成的壁龛式洞穴。在洞穴下部 5m 左右是另一层沉凝灰岩夹层,沿此夹层凿建了一悬崖廊道。清音阁是大慈岩景区第二大悬空寺,建于 1996 年,沿着清音阁岩嶂横向修建,其建筑风格与山西恒山悬空寺一脉相承,与地藏王大殿不同,属悬崖式悬空寺,完全建造于悬崖峭壁之上(图 2-5-9)。

图 2-5-8 地藏王大殿远景

图 2-5-9 清音阁

2.5.3 地质地貌演化

距今约 1.3 亿年,大慈岩古火山发生喷发,形成了巨厚的火山岩。早期,火山爆发喷出的大量晶屑(矿物晶体碎屑)、玻屑(玻璃质碎屑)和少量岩屑(岩石碎屑,粒度小于 2mm)等堆积形成晶屑熔结凝灰岩,岩石质地坚硬。随着火山喷发持续进行,后期的强烈爆发又将早期形成的火山岩炸碎,形成大小不一的火山岩碎块(直径 2~64mm 的称为角砾,大于 64mm 的称为集块),它们再次与晶屑、岩屑、玻屑等一起固结形成角砾凝灰岩,因这些碎块体积大、质量大,被火山喷向空中后一般很快落回地面,故常围绕火山口附近分布。由于大慈岩靠近古时的火山口,因此其山体大都由这种角砾凝灰岩所组成。而在喷发间隙,火山曾出现短暂的休眠。在此期间,先前形成的火山岩遭受风化剥蚀,会在低洼的水体中沉积形成火山碎屑沉积岩,从天然立佛处的岩石组合判断,大慈岩地区这样的休眠至少出现过 3 次,形成了 3 层火山碎屑沉积岩夹层。火山喷发后期,喷发强度逐渐减弱,最终地下的岩浆失去喷出地表的动力,只能在地下逐渐冷却,固结形成浅层侵入岩——流纹斑岩,同时也堵塞火山口导致火山喷发终止,在后期地壳抬升剥蚀后,这些原本位于地下的岩石也露出地表,现大慈岩西侧的大片山体均由流纹斑岩组成。不同的火山喷发阶段形成了不同的火山岩,它们在后期断裂切割以及多次地壳升降运动和漫长的风化剥蚀作用影响下,发生不同程度的破碎和风化剥蚀,逐渐演变成如今高耸陡立的岩嶂、洞穴等地貌景观。

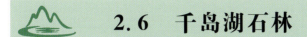 2.6 千岛湖石林

2.6.1 概况

千岛湖石林位于"千岛碧水画中游"的千岛湖畔,北距淳安县石林镇约20km(图2-6-1),发育典型的岩溶石林地貌景观。广义上的千岛湖石林从东往西由淡竹大坞山石林、黄栀山石林、羡山石林、桂花岛石林、高峰石林、兰玉坪石林、玳瑁岭石林、西山坪石林等众多石林组成。狭义上的千岛湖石林由兰玉坪、玳瑁岭、西山坪3处地貌发育最好、最集中的石林组成(图2-6-2),是千岛湖六大景区之一,面积约2km²,石林造型奇特,象形奇石遍布,由"怪石、悬崖、灵洞"等自然景观构筑,具有"幽、迷、奇、险"四大特色,有"华东第一石林"之称。

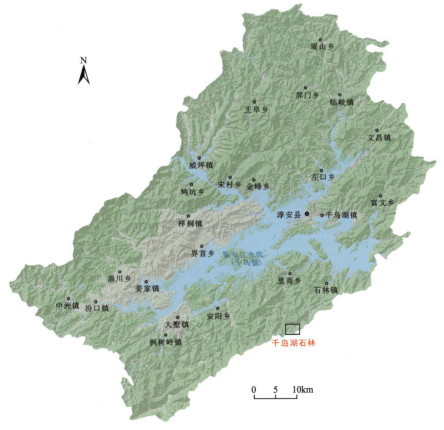

图2-6-1 千岛湖石林区位图

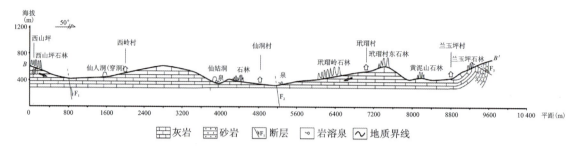

图2-6-2 千岛湖石林纵剖面图（据浙江省地质矿产研究所，2010）

石林：岩溶地区发育的一种特殊地貌形态。产状平缓裂隙发育的厚层碳酸盐岩区，在水的溶蚀作用下形成的一种高大石芽，石芽之间有很深的溶沟，沟壁陡直，壁上常有溶蚀凹槽，形态上有的尖峭如剑，有的薄如刀刃，有的状如碑林。

2.6.2 地貌景观

兰玉坪、玳瑁岭和西山坪3处石林分布在一条狭长的山间谷地之中，呈北东-南西方向延伸10余千米。其中，兰玉坪石林以"城"（石长城）见长，玳瑁岭石林以"狮"（狮子园）称雄，西山坪石林以"迷"（石林迷宫）取胜，尤以西山坪石林景观为最佳，是游览千岛湖景区的必到之处。

1. 兰玉坪石林

兰玉坪石林位于山谷北东端的兰玉坪村，以一条横亘在北东向山岗上的石灰岩"石城墙"最引人入胜，墙宽仅2m，高约10m，长达100多米，此城墙实为一条北东向的断层，城墙墙面就是断层面（图2-6-3）。城墙"内外"的石灰岩表面石芽丛生、溶沟密布，将岩石切割成各种形态的象形石，如飞禽走兽、寿星摘桃、雄鹰欲飞等奇观，石林千奇百怪，景观绮丽多姿、变幻莫测。

2. 玳瑁岭石林

玳瑁岭石林位于山谷中部的玳瑁村，石林发育在村口一条长垣状石灰岩台地丘岗的南缘，海拔约600m，分布面积约30 000m²，地势平坦。石林内石峰、石柱、石笋较为发育，石峰高度最高约2m，石柱高度一般为4~7m，最高达10m（图2-6-4）。沿着石灰岩裂隙和层面常见泉水渗出，"玳瑁石池"就是由石林丛中数个岩溶裂隙泉水汇集而成的。拾级而上，可见天生桥、月洞窗、溶蚀漏斗等岩溶景观，更有一头"高大雄狮"蹲居于"玳瑁石池"的岩顶，周围还有百十头"小狮子"，形态逼真，组成"狮子林"景观；沿溪谷而下，有一仙姑洞，它是现代地下暗河溶蚀形成的溶洞，洞内发育壁流石、边石坎、石梯、云盆等碳酸钙堆积地貌。

图 2-6-3　石城墙一角

图 2-6-4　玳瑁岭石林全景

3. 西山坪石林

西山坪石林（图2-6-5）位于山谷西南端，由狮子头（图2-6-6）和象背山（图2-6-7）两个景区组成。商家源等几条溪流的深切作用使西山坪成了三面被悬崖峭壁围陷、耸立在深谷之上的高台，使得西山坪既能不断被流水溶蚀和冲刷，又不会被外来的泥土填埋，其石灰岩层长期处于裸露的状态。这种独特的地形条件为石林的发育提供了充分有利的条件，使西山坪成为千岛湖石林中规模最大（约1.2km²）、景观最丰富的石林分布区，形成了狮象守门（图2-6-8）、石林迷宫（图2-6-9）、回音壁、兰花坪石林、石门（三重天）等石林景观，以及张良洞、琴音洞等溶洞景观，尤以发育剑状石林为主要特色（图2-6-10）。

图2-6-5 西山坪石林

图2-6-6 狮子头景区石林全景

图2-6-7 象背山景区全景

图2-6-8 狮象守门

图2-6-9 石林迷宫

2 山体地貌景观篇

图2-6-10 剑状石林

小知识

狮象守门：北东向的褶皱构造使岩石破碎，派生的北西向张性断裂侵蚀切割岩体，形成了白云古道，古道东侧形成高94m的悬崖和"盘踞"其上的雄狮造型，西侧则形成了神似大象的山峰，两者隔着宽约200m的山谷遥相呼应，形成狮象守门景观。

2.6.3 地质地貌演化

距今约3.2亿年，随着地壳的持续沉降，整个杭州地区被海水浸没，形成开阔的台地环境，沉积了一套生物碎屑灰岩。当时的沉积环境较稳定，形成的灰岩质地纯，岩层厚，产状稳定，为千岛湖石林的形成提供了良好的物质基础。石林处于呈北东向带状向斜构造的核部，核部的灰岩受溶蚀作用形成了岩溶槽谷地形（峡谷），向斜两翼为砂泥质碎屑岩构成的山体（图2-6-11）。由于断层切割，向斜被切割成多个灰岩台地，在第四纪以来强烈的构造隆升中被抬升为高山悬谷，四周则被更高的分水岭围限。这种独特的地形一方面让大片的灰岩裸露地表，直接接受流水溶蚀；另一方面使四周高地的流水向台地汇集，利于溶蚀作用的进行。同时，向斜核部的灰岩岩层呈近水平状，使溶蚀过程中岩层不易滑塌或崩落，易形成垂向站立的石林（图2-6-12）。岩石的物质组成、地层产状、地质构造和地形地貌条件等都是形成石林的重要地质因素。

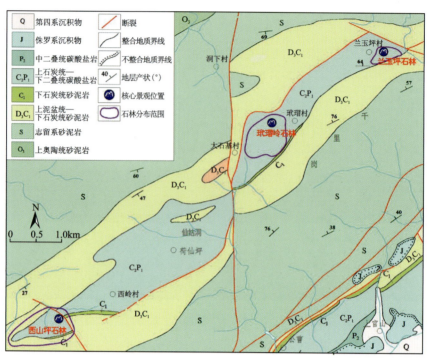

图 2-6-11　千岛湖石林地质简图（据浙江省第一地质大队，1984 修改）

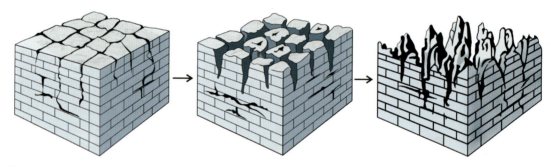

①石灰岩受到力的挤压后，在垂直方向上产生了两组以上的裂隙（节理），将岩石分割成了网格状。

②水和生物等沿着这些裂隙往下溶蚀，随着裂隙的加深加宽，一个个石柱逐渐分离。

③经构造抬升，石柱出露地表，溶蚀作用也持续进行，最终形成石林景观。

图 2-6-12　石林形成演化示意图

杭州山水

3

水体景观篇

3.1 钱塘江

3.1.1 钱塘江概况

钱塘江,因流经古钱塘县(今杭州)而得名,是浙江最大的一支水系(丁晓勇和张杰,2008),自西南向东北流入杭州湾。钱塘江源于浙、皖、赣边界,全流域面积 55 058km² (图 3-1-1),其源头分为北源和南源。北源为干流,从新安江起算,长度为 588.73km,呈北东向贯穿杭州全区;南源是最大支流,从衢江马金溪起算,长度为 522.22km,流经衢州开化、常山、衢江和金华兰溪等地,在建德梅城与北源汇合后,进入富春江。富春江于萧山闻堰与浦阳江汇合后流入钱塘江。钱塘江的主要支流有兰江、浦阳江、分水江、婺江、曹娥江等。

钱塘江流域是中国重要的史前文化发祥地之一,重要的史前文化及遗址有建德乌龟洞"建德人"遗址、桐庐延村"桐庐人"遗址、浦江上山文化遗址、萧山跨湖桥文化遗址、余杭良渚文化遗址等。

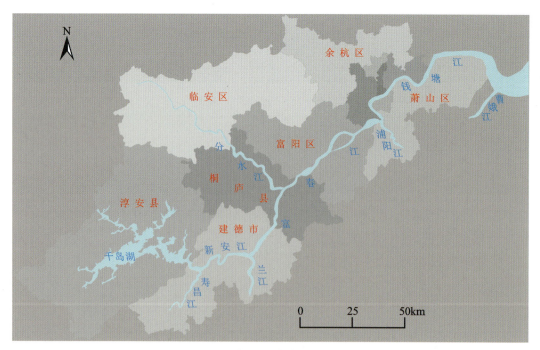

图 3-1-1 杭州境内钱塘江流域简图

3.1.2 主要河段地貌形态

1. 钱塘江上游

钱塘江上游包括钱塘江流域北源新安江段和南源开化—梅城段。本书新安江段仅指新安江大坝至梅城段,全段处于低山丘陵环境,河谷两侧相对开阔,地势平坦,河道弯曲变化较大,发育典型河曲地貌。在建德下涯镇可见早期河曲发展演变而来的曲流颈地貌(图3-1-2),据史料记载,这一现象形成于距今约600年前。

图 3-1-2　新安江曲流颈地貌

南源开化—梅城段从源头至下依次为马金溪(开化段)、常山港(常山—衢州段)、衢江(衢州—兰溪段)、兰江(兰溪—梅城段)。其中,马金溪属季节性山溪河流,多发育山溪峡谷;常山港属于典型河谷地貌,河道弯延、滩多流急;衢江位于金衢盆地中心,属于盆地平原区河流,河道蜿蜒曲折,河流地貌丰富(图3-1-3);兰江穿梭于火山岩低山谷地中,受富春江电站大坝蓄水影响,具有河道型库区特点,百吨轮船自梅城可直达兰溪。

2. 富春江

富春江即钱塘江流域梅城—桐庐—萧山闻家堰段,属钱塘江流域中部,全程河曲不发育,河道变化较小。其中,富阳—梅城段主要为山区河流地貌,两岸为陡立的火山岩崖壁(海拔200～700m),河道宽250～450m,发育有著名的富春江小三峡(图3-1-4)。富阳—闻家堰段,两岸为相对开阔的冲海积平原区,河流冲蚀作用强,形成多个大小不等的江心洲(图3-1-5)。

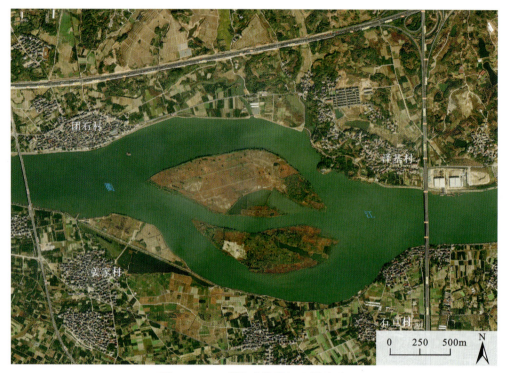

图3-1-3 衢江龙游段江心洲地貌

图3-1-4 富春江小三峡—子陵峡段　　图3-1-5 富春江富阳段新沙岛江心洲地貌

3. 钱塘江

钱塘江流域下游即萧山闻家堰—闸口段,也称钱塘江,以及至入海口杭州湾两岸,为平原区河流地貌,江面宽度1～3km,发育有一级至二级阶地及边滩地貌。河床为平原区松散的冲积层,两岸为开阔的冲积—冲海积平原(图3-1-6)。北岸为杭嘉湖平原,南岸是宁绍平原,地势平坦,海拔仅3～6m。

3 水体景观篇

图 3-1-6 钱塘江两岸

3.1.3 钱塘潮

钱塘潮是世界三大涌潮之一，以独特的壮美雄姿和万马奔腾之气势被誉为"天下奇观"。苏东坡曾云："八月十八潮，壮观天下无。"每年农历 8 月 15—19 日是观潮最佳时期，此时浪潮可掀至 3～5m 高，潮差可达 9～10m，有"滔天浊浪排空来，翻江倒海山可摧"之势。杭州湾两岸均能观看潮汐景观，其中海宁盐官观潮景区和萧山南阳观潮城属最佳观潮点。

 小知识

世界三大涌潮：印度恒河潮、巴西亚马逊潮、中国钱塘潮。

潮汐：海水在月球、太阳等天体的引潮力作用下，海面产生垂直方向上周期性涨落的一种自然现象，而海水在水平方向的流动则称为潮流。我们的祖先为了便于区别，把发生在早晨的高潮叫潮，发生在晚上的高潮叫汐，"潮汐"之名由此而来。

钱江潮如此壮观，为什么在长江、黄河、辽河、珠江和闽江等其他河流入海口就没有这样壮观的潮汐呢？这与钱塘江独特的自然条件关系密切，它是在天时、地利以及风势等因素综合作用下形成的。

1. 天时——天文因素

钱塘潮的出现是有规律的，农历初一、十五涨大潮，此时，太阳、月球、地球几乎在同一直线上,太阳和月球的引力方向一致,两者的合力最大,便出现最高的高潮和最低的低潮,潮差最大,这就是大潮。到了农历初八、二十三,太阳、月球、地球三者位置形成直角,此时太阳引力和月球引力形成的合力最小,便出现最低的高潮和最高的低潮,潮差最小,形成小潮(图3-1-7)。

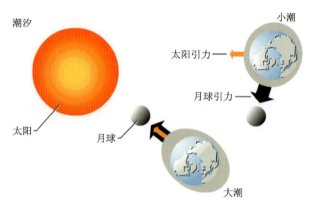

图 3-1-7 潮汐形成示意图

2. 地利——河口地形地貌因素

钱塘江的入海口——杭州湾,与长江、黄河等河流的入海口不同,杭州湾呈喇叭形,湾口宽大而湾身窄小。湾口附近宽达100km,水深8～10m;向西至海盐澉浦一带,水面缩至20km,水深约4m;到海宁盐官一段,河宽则只有3km左右,水深1～2m。起潮时,海水自湾口向内推进,湾道向内越来越窄,潮水被挤压在狭窄的河道,产生巨大的力量,后浪推前浪,水位快速抬升,形成巨大的浪头,最终在大尖山附近形成波澜壮阔的涌潮,大尖山与钱塘江大桥之间属于典型的涌潮河段。

同时,钱塘江口发育一个由粉砂组成的巨大拦门沙坎,在形态上,它呈不对称的隆起(图3-1-8)。起潮时潮水涌入江口,当达到沙坎时,就像碰到一堵陡墙,潮头便一跃而上,把浪头掀得高高的,前面的浪走得慢了,后面的浪头又迅速赶上,后浪赶前浪,一层叠一层,就形成直立在江面上的浪头。

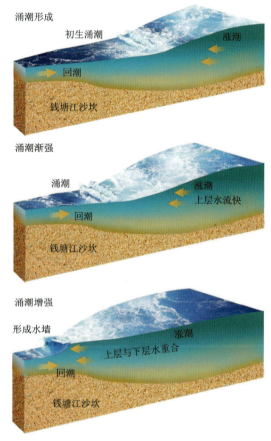

图 3-1-8 钱塘江涌潮形成原理
(据孙侃和林炳尧,2005)

3 水体景观篇

3. 风势

钱塘江涌潮还受风向、风速等气象因素的影响。浙江沿海一带夏秋季常刮东南风,风向与潮水方向大体一致,因此极大地助长了潮势。同时,强台风所形成的风暴潮,更会掀起罕见的大潮巨浪(图3-1-9)。

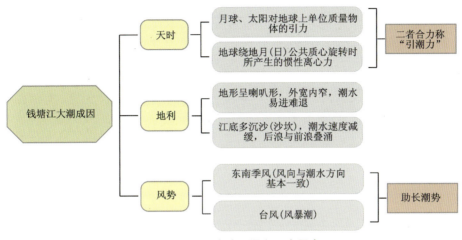

图3-1-9 钱塘江涌潮三大因素

3.1.4 钱塘江的形成演化

白垩纪中晚期(距今1.15亿~0.85亿年),浙江处于伸展拉张的应力背景下,江山-绍兴断裂带、球川-萧山断裂、孝丰-三门湾断裂等一系列深大断裂也随之活化拉张,在现钱塘江流域形成了多个走向为北东东或北西的断陷盆地(浙江省地质调查院,2019)。晚白垩世—古新世(距今8500万~5600万年),断陷盆地抬升,湖水逐渐退却,在局部低洼处形成多个狭长的不规则水道或残存河湖,接受周边汇水,形成钱塘江的雏形,此时钱塘江尚无出海口。始新世—中新世(距今5600万~533万年),地壳继续隆升,钱塘江东流入海,整体面貌臻于完成。多个方向的断层活动,同时控制形成了钱塘江"之"字形河流的地貌特征(图3-1-10)。

钱塘江水系形成以后,其演化变迁仍在继续,其下游钱塘江段,由于河谷比降小,分水岭低缓,受自然因素影响,自第四纪以来河口段的改道相当频繁(图3-1-11)(徐柔远,1994;丁晓勇,2008;邢云,2015)。

早更新世(距今258万年),钱塘江主要向北及北东流经嘉兴、嘉善、上海后流入古长江中。末期,由于气候转冷,古钱塘江收缩,成带状展布于现海宁市斜桥—秀洲区王店一线。

中更新世(距今77.4万年)以来,钱塘江河道分为两支:其一流经海宁马牧港、斜桥和嘉兴后,于上海奉贤一带与古长江支流交汇流入古长江汊道;其二流经上海马桥、海盐故城、平湖后,于金山一带流入杭州湾。

晚更新世(距今12.9万年)晚期发生大规模海进,海水入侵至湖州—塘栖—临平—七堡

图 3-1-10　钱塘江断裂构造示意图

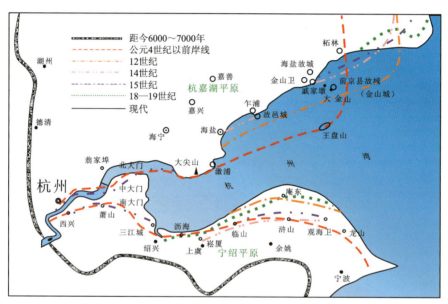

图 3-1-11　钱塘江口历史变迁图（据邢云，2015修改）

一线，钱塘江明显后缩。海退之后，当时的海岸线位于现今岸线之外约 600km 处，古钱塘江可能从舟山群岛南或大衢山岛北汇入古长江。

距今 7000～6000 年前，最后一次大规模海进时，海水直拍北岸临安、富阳和南岸绍兴、余姚一带山麓。之后，随着长江三角洲发展演化，以及临安-杭州-余姚东西向构造带的影响，逐渐在杭州湾形成喇叭形三角港地形。在三角港的强潮环境下，潮流挟带大量的泥沙，在河口形成规模庞大的沙坎。沙坎地形使水深骤变，潮波破裂，从而形成涌潮。有史书记载的钱塘涌潮距今已有 2000 余年，而涌潮可能在距今 4000～3000 年就已经形成（徐柔远，1994）。

3.2 西　湖

西湖,自古以来就是中国著名的旅游胜地。关于西湖的记载已有近 2000 年的历史,最早称为武林水,东汉班固《汉书·地理志》载:"钱唐,西部都尉治。武林山,武林水所出,东入海,行八百三十里。"后又有明圣湖、金牛湖、钱塘湖、西子湖等名称,隋以后原钱塘县城从西湖西侧迁建至东侧,湖居城西,故名西湖。

"天下西湖三十六,就中最美是杭州"。时至今日,全国依然有 30 个城市有"西湖",而唯以杭州西湖最负盛名。对于西湖的成因,也是众说纷纭,流传着诸多神话传说。相传古时候,天河东、西两边各住着玉龙和金凤,它们在一次游玩中,偶然在银河的仙岛上找到一块璞玉,并琢磨成了一颗璀璨明珠。这颗明珠的光芒照到哪里,哪里的树木就常青,百花就盛开。如此宝珠被王母娘娘盗得并据为己有,玉龙和金凤得知后,与王母发生争夺,无意间明珠由天宫滚落到人间,变成了波光粼粼的西湖,玉龙和金凤也随之下凡,变成了玉龙山(即玉皇山)和凤凰山,永远守护着西湖。

把西湖比喻为一颗光彩夺目的明珠无疑是贴切的,可是这颗明珠究竟是怎样形成的呢?让我们用科学(地质学)的论据来追溯西湖形成的历史吧!

3.2.1　秀美的湖光山色

西湖位于杭州市西部,西北、西南、东南三面环山,东北为开阔的平原,水域面积 6.5km², 东西宽约 2.8km,南北长约 3.3km,绕湖一周近 15km,湖底平坦,平均水深 2.5m(图 3-2-1)。湖中被孤山、白堤、苏堤、杨公堤分隔成五片水面:白堤、孤山以南,苏堤以东是主湖区,称外湖;白堤、孤山以北,西泠桥以东称北里湖;苏堤以西,自北而南为岳湖、西里湖、小南湖。苏堤、白堤越过湖面,小瀛洲、湖心亭、阮公墩 3 个人工小岛鼎立于外西湖湖心,夕照山的雷峰塔与

图 3-2-1　湖光山色(刘永明摄)

宝石山的保俶塔隔湖相映,由此形成了"一山、二塔、三岛、三堤、五湖"的基本格局(图 3-2-2、图 3-2-3)。2011 年 6 月 24 日,杭州西湖被列入《世界遗产名录》,是中国唯一入选的湖泊类文化遗产。

图 3-2-2 西湖朝霞(刘永明摄)

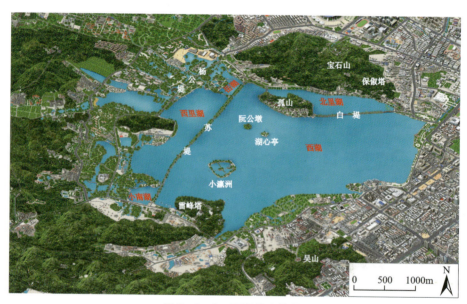

图 3-2-3 西湖湖山格局

西湖以秀丽的自然风光闻名于世。西湖之秀丽首先在于这一泓碧水,青山掩映,水平若镜,微风拂处,轻泛道道涟漪;西湖之秀丽还在于三面云山,中涵碧水,逶迤于群山之间,林泉秀美,溪涧幽深,令人陶醉。山环湖,湖映山,山色湖光相伴随,这就是西湖自然风光的独特之处。

3 水体景观篇

早在南宋时期就曾评选出"西湖十景",分别为苏堤春晓、曲院风荷、平湖秋月、断桥残雪、花港观鱼、南屏晚钟、双峰插云、雷峰夕照、三潭印月、柳浪闻莺(图3-2-4~图3-2-7),有诗概括为"春夏秋冬花,晚云夕月柳"。1985年在继承"南宋遗风"的基础上推出新十景,分别为吴山天风、满陇桂雨、玉皇飞云、云栖竹径、九溪烟树、黄龙吐翠、龙井问茶、宝石流霞、阮墩环碧、虎跑梦泉(图3-2-8、图3-2-9),有诗概括为"风雨飞竹树,翠茶流碧泉"。2007年西湖对自20世纪80年代以来恢复重建、修缮整治的145处景区(点)举行三评"西湖十景"活动(不包括已评出的"西湖十景""西湖新十景"),选出的"十景"分别是灵隐禅踪、六和听涛、岳墓栖霞、湖滨晴雨、钱祠表忠、万松书院、杨堤景行、三台云水、梅坞春早、北街寻梦。

图3-2-4 苏堤春晓

图3-2-5 断桥残雪(刘永明摄)

图3-2-6 雷峰夕照

图3-2-7 三潭印月

图3-2-8 云栖竹径(刘永明摄)

图3-2-9 九溪烟树

3.2.2 湖山格局

俯瞰西湖群山,湖山分布格局规律明显。西湖群山总体山势明显是西南高、东北低,在西湖附近则过渡为平原,由西南向北东根据山势由高及低可分3个圈层(图3-2-10、图3-2-11)。外圈群山是西湖复向斜的扬起端,海拔300~400m,主要有北高峰、天竺山、琅珰岭和五云山等,山体岩性为志留系、泥盆系岩屑石英砂岩,岩石坚硬抗风化,形成的山系山脊清晰、雄奇挺拔;中圈群山海拔170~250m,主要有飞来峰、南高峰、玉皇山等,山体岩性主要为石炭系、二叠系石灰岩,岩性易被雨水溶蚀,岩溶地貌发育,地貌景观为西湖群山之秀;内圈群山海拔50~100m,属于西湖复向斜的倾伏端,包括环湖低矮的吴山、夕照山、丁家山、三台山,以及西湖西北缘的宝石山、栖霞岭等(傅隐鸿,2020)。西湖群山的山岭总体上呈现从西北、西南和东南三面环抱西湖,构成一个向东北开口的"三面云山一面城"的马蹄形地形。

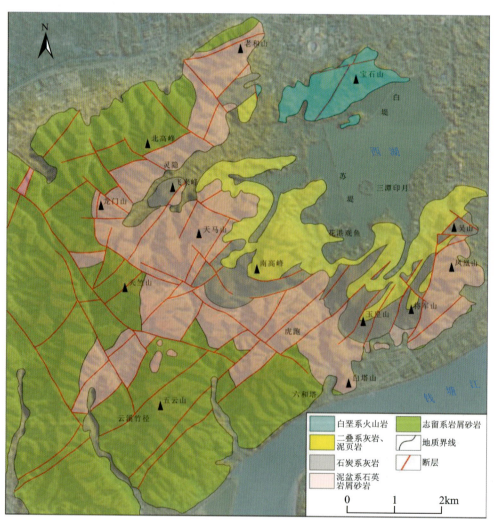

图3-2-10 西湖及周边群山地质简图(据浙江省区域地质调查大队,1987)

3 水体景观篇

图 3-2-11　贵人阁上看江湖(左西湖,右钱塘江,刘永明摄)

西湖群山峰峦之间被受断层控制的沟谷错开,沟谷走向与山岭相似,均呈南西-北东走向,山岭从南西向北东延伸,止于西湖畔,沟谷则作为地表水汇集和流通的场所,引导流水从南西向北东流,最后注入西湖,为西湖提供了涓涓流水,是西湖淡水的重要径流。

3.2.3　西湖成因

20世纪50年代以来,越来越多的研究资料表明,白垩纪火山活动形成的火山口湖是西湖的雏形,而后受海平面升降影响,火山口湖经历了早期潟湖、浅海湾、晚期潟湖、淡水湖沼等演变(图3-2-12),以及后期的人工疏浚过程,最终形成如今的西湖。

距今1.3亿年(徐克定,2016),以现今的宝石山南麓和里西湖为中心,曾发生强烈的火山爆发,堆积了厚数百米的火山物质,火山喷发后期,岩浆物质大量外流,导致地壳内部空虚,最后火山口陷落成为洼地,之后又经历了1亿多年的地壳运动,堆积物不断被风化侵蚀,同时火山口面貌也不断改变着,最后形成马蹄形积水洼地。距今约1.17万年,受海平面变化影响,西湖经历了早潟湖期、中海湾期、晚潟湖期3个演化阶段(浙江省地质调查院,2009)。

在距今约1万年的全新世早期,气候由冷转暖,冰盖消融,海面上升,海水入侵影响到了西湖,西湖首次成为潟湖。而随着海面的持续上升,海侵范围不断扩展,距今6550～5950年,海侵达到高潮,海平面位置最高,吴山、宝石山之间的低洼地成了与外海相通的浅海海湾,根据史书记载,直到秦朝(公元前221年—207年)时,西湖还是一个与钱塘江相连的海湾。距今约2600年开始,海平面下降,且随着海水的冲刷,海湾四周的岩石逐渐变成泥沙沉积,使海湾变浅,钱塘江也带来泥沙,在入海口沉积,逐渐在古西湖海湾外形成了"岸外沙坝",海湾和钱塘江逐渐分离。直至距今约2000年,随着钱塘江沙坎的发育和海平面的持续回落,杭州变为陆地,西湖终于完全封闭成为潟湖,此后随着周围山区多条溪流把淡水和泥沙带入,西湖水体逐渐淡化成为淡水湖。

浙江地质 | 杭州山水

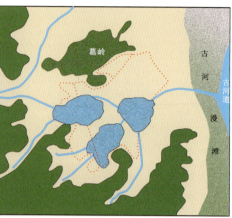

①宽谷阶段：早更新世（距今258万～77万年），由于长期风化剥蚀，西湖所在地区形成宽谷。中晚更新世（距今77万～1万年），宽谷中有洪积-冲积相砂砾石层沉积。

②古湖泊阶段：全新世早期（距今11 000～8000年），气候转暖，低洼谷地积水形成淡水湖泊。距今10 000～7000年的"河姆渡海侵"，海平面上升，杭州以东的广大地区沦为浅海，杭州及西湖也受到海水影响。

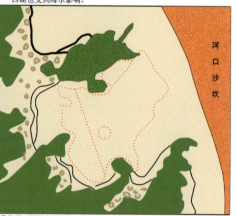

③古海湾阶段：全新世中期（距今6500～5950年）发生"皇天畈海侵"，侵没了整个浙北平原，海水到达灵隐山下，使西湖成为古浅海海湾，宝石山和吴山成为海湾的两个呷角。

④海湾-潟湖过渡阶段：全新世晚期（距今4400～2500年），发生"钟家境海侵"，西湖仍为古海湾。先秦至西汉时期，随着海平面下降，浙北平原大部分相继成陆，而杭州仍处于水下。而后，随着钱塘江挟带的泥沙在古海湾外堆积淤高，形成"河口沙坎"，使海湾演变成潟湖。

⑤淡水化-沼泽化阶段：距今2000年前，随着海平面回落，杭州成为陆地，早期的西湖成形。西湖形成后，周围群山的多条溪流把淡水和泥沙带入，一方面使西湖不断淡化成淡水湖，另一方面泥沙不断淤积使西湖沼泽化，并形成广泛的泥炭层沉积。

⑥现代阶段：主要为抗沼泽化过程。自唐代以来，历代劳动人民对西湖进行了多次疏浚治理，使西湖得以保存并逐渐形成今天的秀美景致。

图3-2-12 西湖演化过程（据西湖博物馆资料修改）

西湖变为淡水湖后,在溪流挟带的泥沙和大量生物堆积下,面积迅速缩小,湖水日益变浅,进入了沼泽化时期。之后,西湖历经千余年持续不断的水域疏浚工程和人工造景活动,白居易、苏东坡、杨孟瑛、李卫、阮元等发起了5次大规模的人工疏浚治理,才使西湖从一个自然湖泊成为风光秀丽的半封闭的浅水风景湖泊,苏堤、白堤、杨公堤、三潭印月等就是历代疏浚的见证。

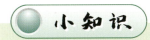

泻湖:是由沙坝、沙嘴或滨岸堤与海洋隔离开的海滨浅海湾。由于堆积作用的强度和时间不同,有的仍有水道与大海相通,或在高潮时相通,水质仍是咸水,有的泻湖则同外海完全隔绝逐渐变为淡水湖。堆积作用若继续进行,泻湖可淤浅成为沼泽,甚至形成海岸平原。我国著名的太湖、西湖等淡水湖就是与海完全隔离的古泻湖。

3.3 湘 湖

3.3.1 概况

湘湖位于杭州市萧山区,是首批国家级旅游度假区,它与西湖隔钱塘江南北相望,被誉为西湖的"姐妹湖"。湘湖景区总面积 3.28km²,其中水域面积 1.2km²,自然资源丰富,人文底蕴丰厚,是一个集名湖观光、文化体验、研学游乐为一体的综合性生态人文旅游地(图 3-3-1)。

图 3-3-1 湘湖全景

在这里发掘出的跨湖桥文化遗址,把浙江的文明史提前到了8000年前的新石器时代早期,是浙江悠久历史和深厚文化积淀的重要证据,有力地证实了长江流域同黄河流域一样,也是中华文明的发源地。

湘湖的形成经历了海湾期、潟湖期、淡水湖期等自然演化历程,后又经历了初创期、发展期、垦湖期、重新建设期等人文改造历程。因此,湘湖的演变既是自然的造化,也是人民的杰作,既留下了清晰的历史足迹,也传承了丰富的湘湖文化。

3.3.2 湘湖的自然演化

湘湖属于典型的向斜型河谷地貌类型,其基底构造为湘湖向斜,向斜核部为泥盆系西湖组石英砂岩,两翼为志留系砂泥岩,西北翼毗邻华眉山背斜,受北东向的断层影响,岩石破碎、节理发育(图3-3-2)。近万年前,它曾是钱塘江的河道。现在从高空俯瞰,会发现湘湖呈北东-南西向带状分布,其西南端与富春江相接,而北东端则可延伸与钱塘江相接(图3-3-3)。

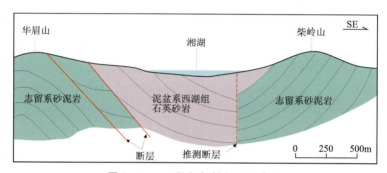

图3-3-2 湘湖向斜剖面示意图

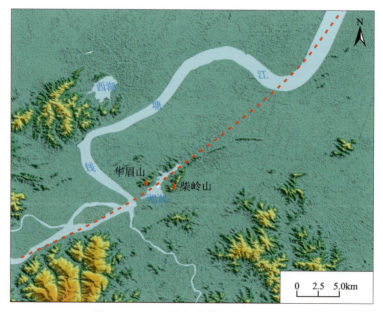

图3-3-3 湘湖与钱塘江空间关系图

3 水体景观篇

全新世早期及之前(距今约1.17万年),湘湖谷地受钱塘江潮汐影响频繁,河谷咸水与淡水交替变化,是一个开放性的河谷沼泽地貌环境。距今9300~8550年间(梁钰莹等,2018),湘湖谷地处于富春江下游,它与现在的白马湖、长河、西兴等地均处于河流沼泽环境,基本未受海水影响,而现在的萧山北东至钱塘江沿岸为潮上带环境,分布有众多砂堤。距今8550~8150年间,随着海平面缓慢上升,潮水逆钱塘江向陆地漫浸,湘湖也逐渐被海水侵袭,演变为浅海环境(潮下带,水深一般3~5m)。这次海侵先到达现湘湖东北端的下孙一带,在这里海平面出现了短暂的稳定,为古人类活动创造了场所,留下了下孙遗址。而随着海平面进一步上升,下孙遗址亦被潮汐波及,迫使古人向地势更高的跨湖桥迁移,此后,海平面趋于稳定,古人在跨湖桥一带定居达千年之久,形成了跨湖桥遗址。距今8150~7700年间,海平面开始下降,湘湖成为咸水与淡水交替的河流沼泽环境。之后,海水基本退去,湘湖河谷受西南和东北侧外围砂堤影响,谷地开始淤塞,形成一个封闭的早期湖泊体系(图3-3-4)。

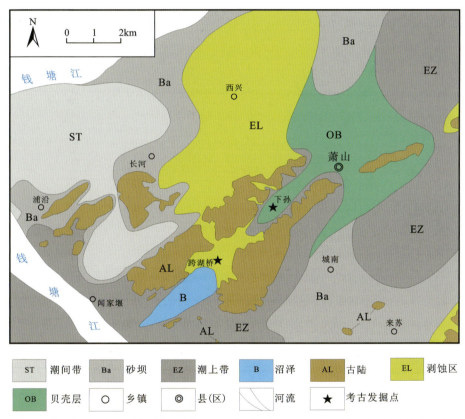

图3-3-4 湘湖地区距今7000年岩相古地理图(据浙江省地质调查院,2009修改)

注:湘湖地区距今7000年岩相古地理图基本反映了跨湖桥先民生活时的地貌环境,此时为一相对海退期。西兴至跨湖桥为一近南北向的剥蚀区(陆地),萧山附近亦有小块剥蚀区;浦沿至长河北西部为潮汐活动区,并沿山口一直向南延伸;砂堤沿浦沿、长河、西兴、萧山、城南、来苏呈环状分布于剥蚀区、丘陵周边;潮上带仅见于闻家堰及萧山以东地区;贝壳层则见于萧山;沼泽地仅见于跨湖桥遗址西南部。

距今 6500 年左右,全新世大海侵开始,此次海侵范围更大,溯钱塘江而上达富阳以西,沿苕溪可达余杭良渚—塘栖—亭趾一线以北。此时湘湖又沦为一片沧海,跨湖桥遗址也于此次海侵中淹灭(图 3-3-5)。距今 5500 年前后,海平面逐渐下降,气温也明显回落,气候总体往温凉方向发展,但跨湖桥及其周围仍处于潮水的控制范围内,不适宜古人定居(浙江省地质调查院,2009)。直至距今 3000 年以后,海水退却,因湘湖三面环山的特殊地理条件,湘湖东北端淤积泥沙堵塞后,演变为潟湖,至此湘湖基本成形。随后,随着湖水淡化,湘湖逐渐演变成淡水湖泊。

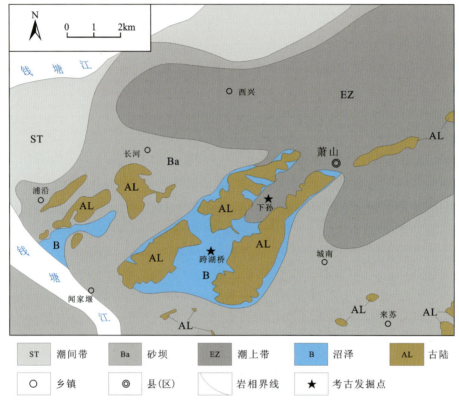

图 3-3-5　湘湖地区距今 6300 年岩相古地理图(据浙江省地质调查院,2009 修改)

注:湘湖地区距今 6300 年前岩相古地理图展示了跨湖桥人迁走后的古地貌特征。潮间带已波及浦沿、长河、西兴一线西北地区;西兴—萧山一线北东部为大潮达到的潮上带,其间广大地区则为砂堤,砂堤中的洼地积水形成小片沼泽。该古地貌特征表明了距今 8000 年以来,海平面上升,海侵规模不断扩大。

湘湖一带湖盆浅平,岸坡平缓,自然淤积速度较快,历来被视为重点开垦的对象,在人类历史上受自然沼泽化和人为活动影响,曾出现多次淹废,直至 20 世纪 90 年代,才开始放水还湖逐渐形成现今的湘湖。

3.3.3　跨湖桥遗址

萧山跨湖桥遗址是 2001 年中国十大考古新发现之一,浙江省文物考古研究所和萧山博物馆组成的联合考古队先后对它进行过 3 次发掘:在 1990 年底的第一次发掘中,国家海洋局第二海洋研究所做的 ^{14}C 测定表明,一些出土木器距今已有 8000 年;在 2001 年的第二次发掘中,出土了数十件石器、上百件骨木器、数以千计的动物残骸及不计其数的陶片;在 2002 年的第三次发掘中,出土了被誉为"世界第一舟"的独木舟及相关遗迹,其测定年代为距今约 7600 年。经专家鉴定,跨湖桥遗址距今 8000~7000 年,年代明显早于有 7000 年历史的河姆渡文化遗址,是浙江省内首次发现的崭新文化遗址。2003 年,在跨湖桥遗址北部,又发掘了同类型的下孙遗址。在 2004 年萧山举行的跨湖桥遗址学术研讨会上,跨湖桥遗址被正式命名为跨湖桥文化(图 3-3-6、图 3-3-7)。

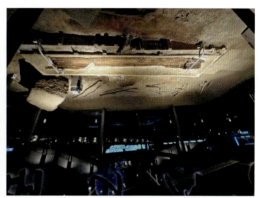

图 3-3-6 跨湖桥遗址博物馆　　　　图 3-3-7 跨湖桥遗址原位保护的独木舟

人类文明发展的总体方向是从山地、洞穴向河谷、平原。从实际的考古发现看,浙江地区最早的新石器时代文化分布于浙中山区,跨湖桥文化应是山地文化向平原文化发展的早期一支。跨湖桥文明的诞生与气候环境的变化有密切的关系。全新世偏早期曾发生过一次间歇性的降温事件,东亚低纬度地区呈现一种干旱的气候状态,人类为了更好地生存,被迫向水源更为充沛的下游转移。古跨湖桥人沿江而下,带着已经萌芽的农业文化,来到更适宜人类生存的河口地带,在距今 8000~7000 年期间迅速繁荣发展起来,创造出一支具有地域特色的史前文化。

跨湖桥遗址的发现,掀开了长江下游及东南沿海地区人类文明史的崭新篇章。2001 年,考古发掘揭示了厚达 4m 的海相沉积层,证明跨湖桥遗址存在于全新世大海侵之前,并被这次大海侵淹灭。跨湖桥遗址证明了源远流长的中华文明史,同时也记录了海侵对人类生存的灾难性影响。8000 年的辉煌,8000 年的警钟长鸣。

3.4　千岛湖

3.4.1　概况

千岛湖,即新安江水库,位于杭州市淳安县内,小部分连接杭州市建德市西北部,地处西湖、黄山、三清山之间,为杭黄黄金旅游线中的重要组成部分,2010年千岛湖风景区被国家旅游局授予国家AAAAA级旅游景区。

千岛湖是为建新安江水电站拦蓄新安江上游而成的人工湖,因湖内拥有1078座翠岛而得名。1955年始建,为建设新安江水电站,1959年淹没了原淳安县淳城(又名贺城)、原遂安县(狮城)两座县城,以及原淳安县威坪、茶园、港口、进贤、桥西五镇和原遂安县东亭、安阳、横沿三镇,共淹没49个乡的1377个自然村。电站于1960年建成,1984年正式将新安江水库命名为"千岛湖",与加拿大渥太华金斯顿千岛湖、湖北黄石阳新仙岛湖并称为"世界三大千岛湖"。千岛湖水质优良,在中国大江大湖中位居优质水之首,为国家一级水体,被誉为"天下第一秀水"(包超明等,1997)。

3.4.2 千岛湖自然地理

千岛湖发源于安徽南部的黄山山脉,源头在皖赣边界齐云山东麓的万山之中。千岛湖呈树枝形,长约150km,最宽处达10余千米,最深处100余米,平均水深30.44m,正常水位下水域面积约580km^2(是杭州西湖的90倍),总库容220亿m^3,有效库容144.3亿m^3。库区属亚热带湿润季风气候,多年平均气温17.8℃,平均降水量1489mm,平均蒸发量1355mm,多年入库净流量94.1×10^{8}m^3,出库水量90×10^{8}m^3。入库河流达33条,其中上游新安江为主要入库河流,水库坝址以上流域面积达10 480km^2,其中60%的流域面积(汇水区)在安徽省内(即街口断面以上)。千岛湖在最高水位时仍拥有1078座面积大于0.25km^{2}的陆桥岛屿,并以2km^{2}以下的小岛为主,岛屿面积共计409km^2(图3-4-1)。

图3-4-1 千岛湖碧水蓝天

千岛湖森林覆盖率高达94.1%(不含湖面),植物种类非常丰富,有维管束植物1824种,其中国家重点保护树种20种。动物数百种,包括鱼类114种,鸟类176种,爬行类50种,兽类61种,两栖类2目4科12种,昆虫1800多种。空气中负离子丰富,平均为6238个/cm^3,最高区域达6.2万个/cm^3,空气质量优良。

3.4.3 地质地貌特征

千岛湖与四周的昱岭、白际山、千里岗三大山系交融(图3-4-2),三大山系蜿蜒入境,迤逦起伏的崇山峻岭和丘陵低山、水高山低的地貌使得无数山峦半淹湖水之中,形成星罗棋布、大小不等、神姿仙态、风姿绰约的岛屿。

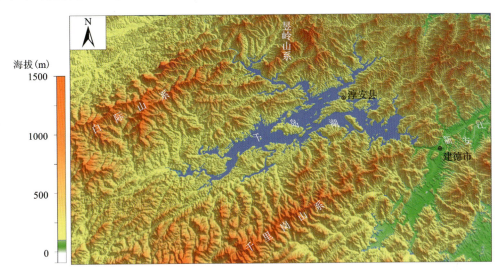

图3-4-2 千岛湖及周边区域地貌形态

千岛湖湖盆的岩石绝大部分为古生界砂泥质岩,少部分为古生界碳酸盐岩、中生界砂质岩和凝灰岩,局部有岩浆岩侵入体,总体属于致密不透水或微透水的岩层,质地坚硬,无风化层,断裂破碎带少,因此水土保持良好,历年平均含沙量仅0.248kg/m^3,冲积和淤积情况轻。

千岛湖地区属浙江西部山地丘陵区,由中低山、丘陵、小盆地、谷地组成,多为侵蚀剥蚀低山丘陵、岩溶丘陵(又称喀斯特丘陵),少部分河谷平原。地势呈四周高(东南侧有千里岗山脉,西北侧有白际山脉)、中间低,由西向东倾斜形成四周中低山逐渐向中部丘陵区过渡的地貌形态。建库前,新安江从安徽省屯溪方向进入淳安盆地,与东来的东溪港、进贤溪及南来的遂安港会合至港口,出铜官峡(现新安江水电站坝址附近)。在铜官峡上游,新安江曲折奔流于群山之间,由于河床坡降很大,江水落差节节增加,从屯溪到铜官峡200km之间,天然落差达100m。建库后,108m海拔以下的河谷、低丘陵被水淹没,低山地貌更为突出(图3-4-3)。

图 3-4-3　新安江水库

3.5　西溪湿地

3.5.1　概况

西溪湿地位于西湖区蒋村(东区)和余杭区五常(西区)一带,距西湖约 5km,是一个罕见的城中次生湿地,被称为"杭州之肾"。这里生态资源丰富、自然景观质朴、文化积淀深厚,曾与西湖、西泠并称杭州"三西",是我国第一个集城市湿地、农耕湿地、文化湿地于一体的国家湿地公园,2009 年被列入《国际重要湿地名录》。西溪湿地保护区总面积 10.64km²,核心区块面积 2.33km²,地势平坦、水道如巷、河汊如网、塘池密集、洲渚棋布(图 3-5-1、图 3-5-2)。保护区内有极为丰富的生物资源,现有维管束植物 711 种,昆虫 898 种,鸟类 193 种,其中有国家一级重点保护动物 2 种(东方白鹳和白尾海雕)、二级重点保护动物 23 种。

图 3-5-1　西溪晚霞(刘永明摄)

图 3-5-2　西溪朝霞(刘永明摄)

小知识

湿地：泛指暂时或长期覆盖水深不超过2m的低地、土壤充水较多的草甸以及低潮时水深不过6m的沿海地区，包括各种咸水淡水沼泽地、湿草甸、湖泊、河流以及泛洪平原、河口三角洲、泥炭地、湖海滩涂、河边洼地或漫滩、湿草原等。湿地是地球上具有多种独特功能的生态系统，它不仅为人类提供了大量食物、原料和水资源，而且在维持生态平衡、保持生物多样性和珍稀物种资源以及涵养水源、蓄洪防旱、降解污染、调节气候、补充地下水、控制土壤侵蚀等方面均起到了重要作用。

3.5.2 地质地貌

西溪湿地属于杭嘉湖平原的一部分，处于浙北平原与浙西山地丘陵的接壤地带，是典型的由冲湖积、海积等形成的山前平原洼地地貌景观。湿地基底为形成于早白垩世晚期陆相盆地内的河湖相紫红色粉砂岩、粉砂细砂岩和粉砂质泥岩，第四系盖层厚34~42m，主要为黏土、粉砂质黏土、砾石混黏性土（图3-5-3）。湿地内海拔2~3m，很少超过4m，低于杭州北部或东部平原区（海拔5~7m），因此形成了低洼地势，流水在此汇集（图3-5-4）。湿地水域面积约占湿地总面积的70%。西溪河、严家港、蒋家港、紫金港、顾家桥港和五常港6条主要河港纵横交汇，其间散布着众多的港汊和2773个大小不一的鱼塘，形成了独特的湿地景观，营造了"十里梅花、万顷芦荡、千里白鹭、万年翠竹"的优美意境（图3-5-5）。

岩性	厚度(m)	岩性花纹	特征描述
杂填土	0.60		杂填土：灰色，松散，稍湿，高压缩性
粉质黏土	0.70		粉质黏土：灰黄色，软塑，湿，干强度中等，中等—高压缩性，中等韧性，摇振反应慢，稍有光泽
淤泥质黏土	9.50		淤泥质黏土：灰色，流塑，很湿—饱和，干强度高，高压缩性，高韧性，摇振反应无，切面光滑
黏土	6.00		黏土：棕黄色，可塑—硬塑，湿，干强度高，中等压缩性，高韧性，摇振反应无，切面光滑
黏土夹角砾	3.50		黏土夹角砾：灰黄、褐黄色，中密—密实，湿，夹角砾，低—中等压缩性

图3-5-3 西溪湿地地层剖面示意图（据浙江省地质调查院，2009修改）

图 3-5-4 西溪水网

图 3-5-5 西溪湿地红梅绽放(刘永明摄)

3.5.3 湿地成因

从白垩纪末期(距今 6600 万年)河湖相沉积结束后,到第四纪早更新世(距今 77.4 万年)(浙江省地质调查院,2009),现西溪地区一直处于构造抬升剥蚀和侵蚀过程,没有接受沉积,直到中更新世晚期(距今 12.9 万年),西溪地区开始接受南部山地丘陵带来的冲洪积堆积物,并随着地壳缓慢抬升,侵蚀基准面不断下切,西溪地区河流开始形成。距今约 12 万年,随着气候变得温凉干燥,西溪地区演变为河湖沼泽环境,形成现在湿地的雏形。伴随着气候变化以及海侵海退作用的影响,河道进一步扩大,河湖沼泽也得到了扩大发展。距今 4200~2500 年间,西溪地区的河湖沼泽环境趋于稳定,形成了现在湿地表层富含有机质、碳化植物碎片的黏土,也为现代西溪湿地的形成奠定了基础。之后再经历人工改造,西溪最终形成了如今以鱼塘为主,河港、湖漾、沼泽相间的湿地地貌景观。

3.6 虎跑泉

3.6.1 概况

西湖周边的群山中集中分布有数十处名泉、名井(图 3-6-1),这些泉、井所处的地层岩性主要为泥盆系石英砂岩和石炭系灰岩,地下水类型属基岩裂隙水和岩溶水,它们的利用历史悠久,与西湖龙井比翼共鸣,蕴含着深厚的文化底蕴,成为杭州独特的人文及旅游资源。

虎跑泉位于杭州西南大慈山白鹤峰下,它名冠杭州诸泉之首,素有天下第三泉之称(镇江金山泉为第一、无锡惠山泉为第二),与玉泉、龙井泉并称杭州三大名泉,与西湖龙井茶叶并称"西湖双绝"。"虎跑"之名因"梦泉"而来,相传唐元和十四年(公元 819 年)高僧寰中(亦名性空)准备在这里建寺,但因附近缺水源,便想另觅他址,一夜忽然梦见神人告知:"南岳衡山有

3 水体景观篇

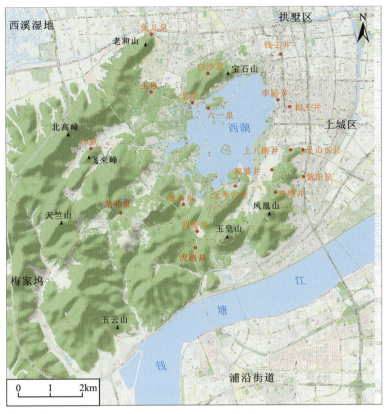

图3-6-1 杭州市区名井名泉分布图

童子泉,当遣二虎移来。"第二天,他果然看见两虎刨地作地穴,涌出泉水,"虎跑梦泉"由此得名。

虎跑泉是地下水流经岩石节理和裂隙后汇集而成的裂隙泉,泉水出露点位于高约10m、宽约20m的石英砂岩崖壁——滴翠崖,崖前有一狭长的小水池(图3-6-2),由于泉水不断涌入,因此终年不枯,崖壁底部内凹小洞前塑有一真虎大小的虎雕,上有"虎跑梦泉"石刻(图3-6-3、图3-6-4),点明了虎跑泉水的出处。游览虎跑泉,从听泉、观泉、品泉、试泉直到"梦泉",能使人进入一个绘声绘色、神幻自得的美妙境界。

图3-6-2 虎跑泉

81

图 3-6-3 虎跑梦泉雕塑

图 3-6-4 "虎"雕塑

3.6.2 泉水特征

虎跑泉水温常年保持在 19~21℃,水量水质稳定,无色、无味、无嗅、透明,酸碱度(pH)为 5.8,属中酸性,总硬度为 0.42,总矿化度约为 26mg/L(表 3-6-1),水化学类型为低矿化度,含氡(Rn)、锶(Sr)、钡(Ba)、锌(Zn)、钼(Mo)、钴(Co)等多种对人体有益的微量元素,其中含氡量适中,为弱放射性氡水,对人体有较高的医疗价值,同时泉水中的有毒成分、污染指标和微生物指标远低于国家饮用水标准。因此,虎跑泉总矿化度小、pH 值和总硬度低,清澈洁净,口味鲜爽而甘滑,是一种最适宜冲泡茶叶且具有相当医疗保健功用的优质天然饮用矿泉水,相比于龙井泉和玉泉,虎跑泉水质更为优异。

表 3-6-1 杭州三大名泉水质对比(据陈谅闻,1993)

泉水名	pH	总硬度	游离 CO_2 (mg/L)	总矿化度 (mg/L)	水化学类型	流量 (L/s)	含水岩性
虎跑泉	5.8	0.42	30	26	$HCO_3·Cl-Na·Ca$	0.37	石英砂岩
龙井泉	7.2	14.5	25	280	HCO_3-Ca	0.50	石灰岩
玉泉	7.4	10.4	15	205	HCO_3-Ca	0.5~1	砂砾石层

3.6.3 泉水成因

水源补给充分。虎跑泉出露于地势较低的麓坡处,距离山体分水岭约 1000m,泉水所在沟谷最大切割深度达 200 余米,麓坡宽阔,坡度较缓,地势平坦,山体及山坡上发育较厚的第四系残坡积层,这为泉水的形成提供了极其有利的地形条件,保证了大气降水对泉水的垂向渗入补给。杭州地区多年平均降水量达 1450mm,山体植被茂密,为泉水形成提供了充沛的水源。

储水空间充足。泉水点出露在形成于距今 3.6 亿年前后的西湖组石英砂岩、石英砂砾岩中,这些岩石质地脆、颗粒粗、透水性好,且能起到过滤和净化水质的作用。在石英砂岩或石英砂砾岩层下部夹有少量的泥岩等不透水岩层(图3-6-5)(陈谅闻,1993),构成了前者储水富水、后者隔水保水的独特储水空间,使泉水聚集在石英砂岩和石英砂砾岩裂隙中,尤其富集在隔水层接触面上。

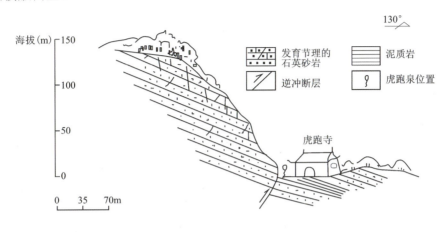

图3-6-5 虎跑泉周边地质构造剖面示意图(据张福祥,1982)

流水通道丰富。虎跑泉附近发育褶皱和断裂构造,岩石较为破碎并形成大量节理裂隙,同时西湖组地层的岩层倾向与山体坡向基本一致,节理裂隙和岩层裂隙等共同为地表水及地下水提供了沟通、导水通道。岩石的裂隙又多被黏土、铁锰质、硅质等吸附力很强的物质充填,这些物质不断吸附来自地下深部由铀、镭蜕变生成的氡气,在地下水流经后,氡气被溶解,或呈悬浮态或呈气态进入地下水中,便生成含氡的泉水。

3.6.4 泉水中的氡

氡是一种惰性气体,是一种由天然放射性核素——铀、镭的衰变形成的放射性气体,在自然界通过岩石裂缝、土壤间隙、地下水源(包括温泉)不断向大气中转移和释放。泉水中的氡一般来自早期侵入的中酸性岩脉或岩体。虎跑泉北面的葛岭、宝石山为白垩纪火山岩,而玉泉山、石虎山和玉皇山等地岩石遭受强烈的硅化蚀变或次生石英岩化等,这表明虎跑泉地下深部存在白垩纪岩浆活动,氡就来自这些侵入岩。与此同时,断裂构造也控制着深部上升的氡气,氡通过断裂进入地下水,便生成含氡的泉水。

 3.7 湍口温泉

3.7.1 概况

湍口温泉位于临安区西南部湍口镇,东距杭州市区约128km,西临黄山约120km,南与桐

庐、淳安毗邻，离千岛湖约34km。湍口温泉古称"天目山温泉"，亦名"芦荻泉"，已有上千年历史，早在1300年前，《昌化县志·卷二》中就有记载："芦荻墩在县南四十一里，平阳突起，小墩高不盈丈，广亩余。清泉仰泻，夏凉冬温，严寒暖气熏蒸叠叠上浮，环墩无积雪。"湍口镇也因"千年泉乡"之称远近闻名。目前，湍口温泉小镇文旅体系健全，集温泉疗养、住宿餐饮、咖啡茶楼、会议培训、休闲娱乐、文化体验等于一体，是浙江重要的温泉康养度假区(图3-7-1)。

图3-7-1 湍口镇众安氡温泉度假村

3.7.2 湍口温泉特点

湍口温泉平均每天可采热水3000m³，单井水量500～1440t/d，地下储热温度40～50℃，溢出表面的水温30～32.5℃，温泉无色、无臭、微涩、透明，属低温低矿化度重碳酸型温泉。泉水中含有氡、氟、钡、锶和钛等特殊组分，尤以游离二氧化碳、可溶性二氧化硅及锶偏高为特征，被鉴定为"锶、偏硅酸、碳酸复合型珍贵饮用天然矿泉水"，具有极佳的浴疗保健作用。

3.7.3 温泉成因

地形地貌：湍口盆地为一山间小盆地，东西长约1.5km，南北宽约1km。盆地地势较平坦，海拔137～143m。盆地群山环抱，为连绵较陡峻的浙西北低山丘陵，山体多呈北东向和南北向展布，海拔一般在400m左右，主要山峰海拔一般在500m以上。地势西南高而东北低，地形破碎，沟谷纵横发育，湍源、塘溪、沈溪和凉溪四条小溪在盆地汇合后流入昌化溪，形成了湍口镇"八山环绕，四水汇流"的"山水泉城"格局。

地质构造：湍口地区出露的地层主要为距今5.4亿～4.9亿年的寒武系灰岩和距今4.9亿～4.4亿年的奥陶系泥页岩，湍口盆地东南缘有白垩纪花岗闪长岩侵入体，盆地地表为距今1.17万年的全新统洪冲积砂土、砂、砂砾石(图3-7-2)。区内褶皱和不同方向断裂交切，北东向冲断层与北西向、东西向断裂构造交错,构造切割部位是岩石脆弱部位,利于地表水深循环对流活动。

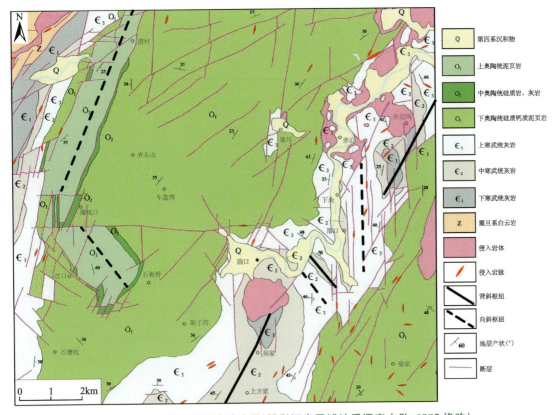

图 3-7-2　湍口地区地质略图(据浙江省区域地质调查大队,1985 修改)

地温场特征:湍口地热资源为断裂深循环对流型地热资源,深部大地热流以热传导的方式沿断裂带向上运移,是湍口温泉的主要热源。在平面分布上,湍口盆地水温异常的井、孔及泉点等集中分布在湍口盆地内叶家—后田畈一带,均属于湍口断裂带的上盘,异常区面积约 0.45km²。在垂向上,湍口断裂带上盘的低温热水的水头随着深度的增大而增高,至湍口断裂带时水头最高,穿过湍口断裂带后水头反而降低,水温的变化规律也相同。

热水成因:深部地热水在盆地内受湍口断裂带的阻隔,沿断裂带相对破碎部分向上运移,在湍口断裂带上盘与浅部岩溶水混合形成湍口温泉热水(图 3-7-3)。湍口盆地浅部的泥质灰岩岩溶裂隙发育,连通性好,是热水的良好储层,上覆厚 8~12m 的第四系构成了隔水层,不仅阻隔了孔隙潜水及地表水的向下渗透和补给,也阻挡了覆盖型岩溶水向上排泄,只在局部薄弱地段以泉的形式排泄,如芦荻泉(吕清等,2017)。湍口热水主要依靠规模宏大的岩溶带储存水源和侧向补给水源。侧向补给水源主要为大气降水。湍口断裂带上盘热矿水补给区位于盆地北部浪川村一带,处于一向斜构造的南东翼,汇水面积达数百平方千米;湍口断裂带下盘热矿水的补给区位于盆地东部和南部湍源溪附近群山中(图 3-7-4),汇水面积有数十平方千米。补给区海拔250m左右,四周群山环绕、植被发育,补给条件好,中间地势低洼,利于汇水。北东向和北北东向断裂的切割,为大气降水的下渗和地下水的运移创造了空间,地下水在静水压力作用下,由北东、东、南3个方向,经寒武系灰岩介质进行深循环和径流。当地下水径流至湍口盆地时,受盆地深部隐伏侵入岩体的侧向阻挡和上覆隔水层的纵向阻隔而赋存于盆地内的岩溶裂隙、溶洞以及构造裂隙之中。

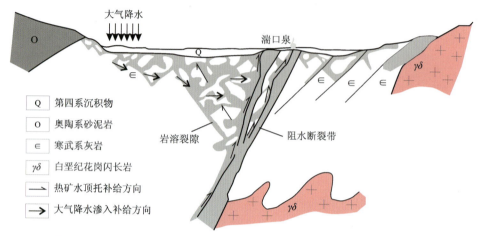

图3-7-3 湍口泉水及低温热水形成模式示意图(据吕清等,2017修改)

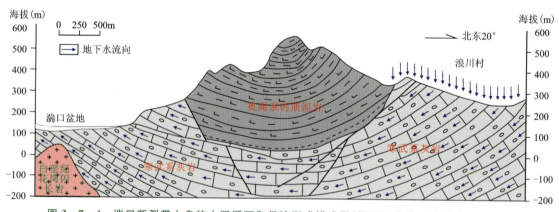

图3-7-4 湍口断裂带上盘热水深循环和径流形成模式图(据浙江省第一地质大队,2016)

杭州山水

4

岩溶洞穴景观篇

4.1 岩溶洞穴成因

岩溶洞穴是地下岩溶作用的重要产物,是碳酸盐岩等可溶性岩石在一定条件下受流水溶蚀、侵蚀、崩塌而形成的地下空间(洞穴)。当地壳比较稳定时,地下水汇集成水平流动的地下河,横向溶蚀作用加强,使洞穴进一步扩大。当地壳间歇性上升时,水平流动带随之间歇性下降,在地壳相对稳定时期又溶蚀形成一层新的洞穴,从而形成多层溶洞(图4-1-1)。

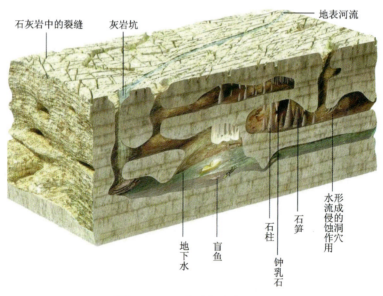

图4-1-1 岩溶洞穴剖面图

小知识

岩溶作用:水对可溶性岩石(碳酸盐岩、硫酸盐岩、石膏、卤素岩等)以化学作用(溶解与沉淀)为主、以机械作用(流水侵蚀和沉积,重力崩塌和堆积)为辅的地质作用用过程及其所产生现象的总称。石灰岩等碳酸盐岩类岩石是最常见的可溶性岩石,它们富含碳酸钙,遇到含二氧化碳的水后会产生化学反应,碳酸钙被溶解为钙离子和重碳酸根离子而被水带走,剩下的岩石即形成溶洞、石林、峰林等地貌。而由于温度、压力与运动空间的变化,溶于水中的钙和重碳酸根离子又可结合成碳酸钙沉淀,形成各种钟乳石(图4-1-2)。岩溶地貌形成的化学反应方程式如下

$$CaCO_3 + H_2O + CO_2 \rightleftharpoons Ca^{2+} + 2HCO_3^-$$

| 4 岩溶洞穴景观篇

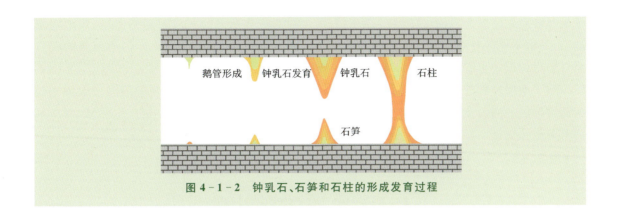

图4-1-2　钟乳石、石笋和石柱的形成发育过程

4.2　杭州溶洞分布

　　杭州的溶洞主要发育在寒武纪和石炭纪形成的碳酸盐岩地层中(图4-2-1)。距今约3亿年形成的石炭系黄龙组、船山组地层,是杭州乃至浙江省发育溶洞的主要地层,其石灰岩层

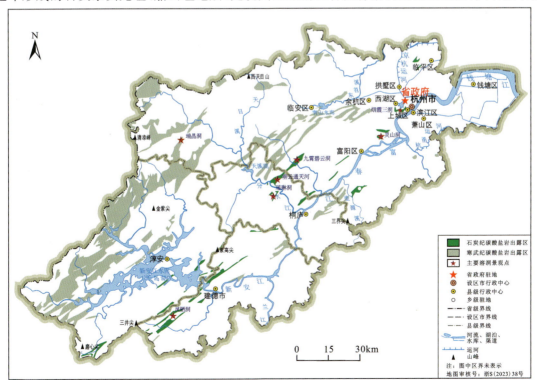

图4-2-1　杭州市碳酸盐岩地层分布及主要溶洞分布图

单层厚度和总厚度大，岩石质地纯。其次为距今约5亿年形成的寒武系杨柳岗组、华严寺组地层，是杭州地区有溶洞发育的最古老的地层。从全省范围看，距今约7.8亿年形成的震旦系灯影组地层中也有少量溶洞分布，但是一般规模较小。

除了地层岩性外，断裂构造系统也是控制溶洞分布的主要因素。杭州的溶洞一般位于碳酸盐岩地层的向斜核部，少数位于翼部，单个溶洞的延伸方向受主断裂控制作用明显，而全区的溶洞分布更是明显受北东走向构造线控制。

4.3 典型溶洞景观

4.3.1 瑶琳洞

1. 溶洞概况

瑶琳洞位于桐庐县瑶琳镇洞前村，距杭州市区80km，是国家级风景名胜区。瑶琳洞于1979年初探，1981年正式对外开放，已开发洞内面积约2.8万m^2，游览路线1640m，分为七大洞厅(图4-3-1)，前4个洞厅为天然溶洞景观，后3个洞厅是人工现代化景观。瑶琳洞人文历史悠久，早在西周时期就有人类在此活动，洞内曾发现东汉、五代、北宋等时期的陶片、古钱等，在第三洞厅石壁上留有"隋开皇十八""唐贞观十七年"等字迹，距今已有1300多年历史。清光绪十二年，桐庐知县杨保彝为瑶琳洞提名"瑶琳仙境"，并在洞口留下了题刻(图4-3-2)。"瑶琳仙境"沿用至今，并以神奇的地势地貌和瑰丽多姿的钟乳石景观而蜚声中外。

① 狮象迎宾　② 鲤鱼跳龙门　③ 银河飞瀑　④ 瀛洲华表　⑤ 琼楼玉宇
⑥ 广寒舞台　⑦ 珍宝宫　⑧ 灵芝仙山　⑨ 仙乐厅　⑩ 桃花源
⑪ 龙宫殿　⑫ 武陵村　⑬ 擎天玉柱　⑭ 三十三重天　⑮ 云盆　⑯ 瑶琳玉峰　⑰ 洞穴堆积

图4-3-1　瑶琳洞景点分布示意图

2. 溶洞特征

进入瑶琳洞，穿过荧光长廊，即进入了前厅。前厅属过渡性厅堂，面积约200m^2，虽然面积不大，但秀丽温婉，颇似江南水乡；一厅洞室宽大，面积约4400m^2，30m高的穹顶上五彩缤

4 岩溶洞穴景观篇

图 4-3-2 "瑶琳仙境"题刻

纷的钟乳石犹如繁星闪烁,石笋、石柱、石幔、钟乳石数量多,规模大,其中高 7~8m、宽 13m 的"银河飞瀑"为国内溶洞中罕见的巨型石瀑(图 4-3-3),是瑶琳洞第一大标志,另有一高约 7m 的石笋酷似天安门前的华表,被称为"瀛洲华表"(图 4-3-4),是瑶琳洞第二大标志;二厅为廊道式洞厅,全长 110m,面积 2300m^2,沿东西向断裂带崩塌溶蚀而成,洞内地形崎岖,大小不一的崩积岩块众多,在洞厅尾部的悬崖上发育一根高约 14m、直径约 4m 的石笋,名为"擎天玉柱"(图 4-3-5),顶天立地、气势壮观,是瑶琳洞第三大标志;三厅面积最大,达 9700m^2,这里石笋、石柱层层叠叠,造型优美,有"三十三重天""瑶琳玉峰"等精美岩溶景观(图 4-3-6、图 4-3-7);后三厅,幽深曲折,影影绰绰,变幻莫测,目前已被开发为融浪漫与刺激为一体的"银河星舞"娱乐项目。

图 4-3-3 银河飞瀑

注:洞壁上有很长的裂缝,从中有成片的水流徐徐而下,在此过程中碳酸钙沿洞壁不断沉淀,形成现在的石瀑,雨季还可见淙淙流水沿石瀑而下,缓缓流入水池。

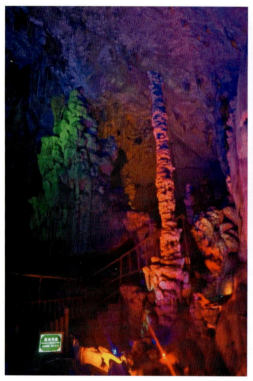

图 4-3-4　瀛洲华表

图 4-3-5　擎天玉柱

图 4-3-6　三十三重天石笋群

图 4-3-7　瑶琳玉峰

3. 溶洞成因

瑶琳洞物质基础为石炭系灰岩,岩石质纯层厚,可溶性强,且发育众多次级裂隙,为地表水下渗和地下水流通提供了通道。溶洞总体延伸方向,则受控于近东西向和北东向的区域性大断裂,其中前厅、一厅、二厅、三厅主体走向为北东向,四厅、五厅、六厅走向为近东西向(图4-3-8)。

瑶琳洞经历了漫长的演化过程,洞穴堆积规模巨大,类型复杂,有洞穴崩塌堆积、地下暗河沉积、化学沉积、间歇性下降泉和管涌的堆积,以及文化堆积层。上新世(距今约533万年),岩溶作用首先在西山约 2.5 km² 的山顶面上形成溶沟、石芽、溶槽、溶蚀漏斗、落水洞、溶蚀洼地等。早更新世早期（距今约258万年），新构造运动使地壳抬升，早期形成的地下暗河剧烈溶蚀下切，引起洞顶板和壁板大量崩塌，形成洞穴并迅速扩大。中更新世（距今78万～13万年），是瑶琳洞形成的一个旺盛时期，此时气候湿热，形成了规模巨大的石笋、石柱、石幔等。晚更新世晚期或全新世早期（距今1.17万年），地壳再次抬升，桃源溪下切，并开始与地下暗河连通，地表水不仅大量补给地下暗河，而且还带进大量的砂砾石，堆积形成了现代地下暗河河床中的砂砾石（周宣森，1981）。

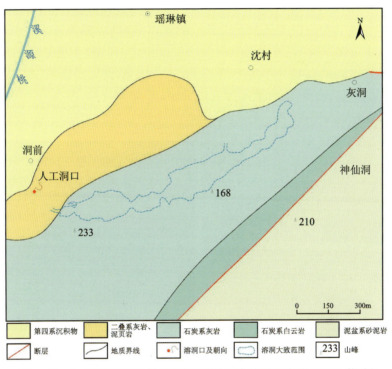

图4-3-8　瑶琳洞周边地质简图（据浙江省地质调查院，2015b修改）

4.3.2　灵栖洞

1. 溶洞概况

灵栖洞位于建德市西南37km的石屏乡铁帽山，是富春江-新安江风景名胜区的重要景点，是1986版《西游记》的取景地，也是《封神榜》《梁山伯与祝英台》等经典影视剧的拍摄地。灵栖洞的游览历史已有1300多年，早在唐高宗永隆年间（公元630年）就有人入洞探奇，其在中唐时期已闻名遐迩。晚唐诗人李频*咏灵栖洞曰："石上生灵笋，泉中落异花。"

---

* 李频：唐朝著名诗人，现建德李家镇人，曾任建州（今福建建瓯）刺史，道德高尚，政绩显赫，文采出众，其诗作有204首收录于《全唐诗》。有诗云"千载谪仙携手笑，李家天上两诗人"，将李频和李白并举。

2. 溶洞特征

灵栖洞洞景面积 2 万多平方米，由灵泉洞、清风洞、霭云洞 3 个各具特色的溶洞组成，同时地表还发育有岩溶石林。

灵泉洞入口处海拔 148m（图 4-3-9），是 3 个溶洞中海拔最低的洞，此洞以水见长，沿着宽约 4m、深约 1m 的地下河入洞，流水潺潺，曲折多弯，有"九曲五潭"之称，地下暗河缤纷多姿，常年流水不断。高约 3m 的洞厅内发育大量钟乳石，并存在数处含砾黏土堆积物。

清风洞入口海拔 185m，位于灵泉洞上部。此洞以风取胜，据地方志记载，该洞"盛夏之日，风从口出，寒不可御"，故名"清风洞"，洞穴内温度恒定，具有"冬暖夏凉"的特性。洞厅面积约 5000m²，已开放面积 2300 余平方米，分 1 廊 5 厅 36 景，游览线路长 400 余米。洞内发育典型的石幔、石瀑、石柱、石笋、石钟乳等钟乳石景观（图 4-3-10、图 4-3-11），岩溶景观密度大，数量多，景色壮丽。

图 4-3-9　灵泉洞洞口

图 4-3-10　清风洞钟乳石景观"百鸟归巢"

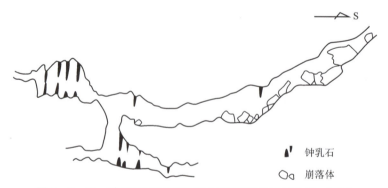
图 4-3-11　清风洞纵剖面示意图（据浙江省区测大队，1963）

霭云洞由于寒冬及雨天前后洞内有白雾般云气（内部湿度大）冒出而得名（竺国强等，2000），是灵栖三洞中开发面积最大、地势最高的一个溶洞，洞口海拔 310m，洞厅游览总面积/万余平方米，游览路线 600 余米，共分 5 厅 1 廊。霭云洞因溶蚀崩塌而成，洞体空间高大，为各种钟乳石景观的生长提供了有力空间，同时洞顶发育多组裂隙，地表水沿裂隙下渗，久而久之形成了以线状排列为特色的石柱、石笋、钟乳石、石幔、石瀑等岩溶景观,景观宏伟壮观,可谓"博、大、精、绝"(图4-3-12、图4-3-13)。

图4-3-12 霭云洞石柱景观"龙宫倒影"

图4-3-13 霭云洞石柱景观"定海神针"

3. 溶洞成因

灵栖洞3个溶洞的物质基础均为石炭系灰岩,其溶洞形成至少经历了3个阶段(图4-3-14)。

第一阶段,在长期的地壳运动和流水溶蚀作用下,率先形成了目前海拔最高的霭云洞,溶洞形成之初,霭云洞还处于地下水水位处,地下水充满整个洞厅,并不断发生着各种溶蚀作用,之后由于地壳间歇抬升,地下河溶蚀下切,长期的溶蚀使溶洞坍塌规模加大,扩大了洞厅面积。

第二阶段,一次快速的地壳抬升,使霭云洞脱离了地下水的溶蚀,地下水水位下降到了清风洞所处的深度,经过与霭云洞大致相同的地下水溶蚀过程,形成了清风洞。

第三阶段,地壳发生第二次快速抬升,地下水水位再次下降,同样的溶蚀过程,灵泉洞开始显现,期间,山体也曾出现间歇性小幅抬升,促进了溶蚀作用的进行,使灵泉洞洞体规模扩大,形成如今之状,现在灵泉洞内的地下河水量大、河水常年不息,仍在推进着灵泉洞溶蚀作用的进程。

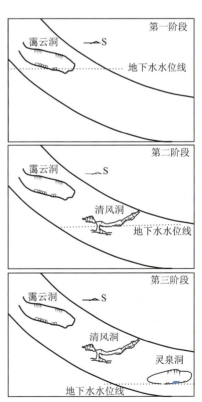

图4-3-14 灵栖洞3个溶洞形成演化示意图

4.3.3 瑞晶洞

1. 溶洞概况

瑞晶洞位于临安区河桥镇蒲村,距离杭州市区约130km。瑞晶洞已探明洞体长约295m,总面积约2.8万m²,其洞顶至洞底最大高差达121m,按自然组合可分为7个洞厅,层次清晰,目前开发5个洞厅(图4-3-15)。其中,洞内发育数以千计的"石花"最具特色,故又名"中国石花洞"。

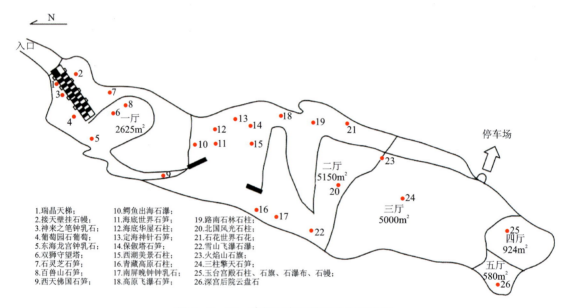

图4-3-15 瑞晶洞主要景观分布示意图

2. 溶洞特征

第一洞厅(一厅),面积2625m²,垂直高差达58m,是目前国内已开发溶洞中高差最大的溶洞之一,从洞口修建了螺旋竖梯直达洞底(图4-3-16)。本洞厅顶岩层发育较多的裂隙,含碳酸钙的地下水集中汇流,堆积形成密集成群的岩溶景观,有接天壁挂、神来之笔、西天佛国,以及双狮守望塔、石灵芝、百兽山等形态各异的钟乳石、石笋、石柱、石幔景观(图4-3-17~图4-3-19)。

第二洞厅(二厅),面积5150m²,面积最大,有海底华屋、青藏高原、西湖美景、定海神针、路南石林等丰富的石柱景观(图4-3-20、图4-3-21)。尤以发育丰富的"石花"为特色,在约1500m²的范围内遍布有3600余朵堪称国宝的"石花",朵朵晶莹剔透,奇姿异态,竞相怒放,其数量之多、规模之大实属罕见。

4 岩溶洞穴景观篇

图 4-3-16 第一洞厅瑞晶天梯

图 4-3-17 石幔景观"接天壁挂"

图 4-3-18 钟乳石景观"神来之笔"

图 4-3-19 钟乳石景观"西天佛国"

图 4-3-20 钟乳石景观"海底华屋"

图 4-3-21 错动的石柱"青藏高原"

小知识

石花：为岩溶洞穴内由文石等碳酸盐晶体组成的花状岩溶景观（图4-3-22）。含重碳酸钙的地下水通过细小的岩石孔隙（毛细孔隙）缓慢而持续地从岩石中渗出，二氧化碳慢慢逸出，碳酸盐逐步沉淀，结晶形成针状、细柱状的文石晶体，化学成分是碳酸钙，是方解石的同质异形体。

图4-3-22 瑞晶洞石花

第三洞厅（三厅），面积5000m²，以石瀑景观为特色，主要有雪山飞瀑（图4-3-23）、火焰山石旗、三柱擎天等景观。

图4-3-23 石瀑景观"雪山飞瀑"

4 岩溶洞穴景观篇

第四洞厅(四厅),面积约924m²,面积虽小,却集溶洞景石形态类型之大成。景观最为瑰丽多姿、精彩纷呈,以发育石幔、石瀑等景观为特色。

第五洞厅(五厅),面积580m²,其发育的洞顶云盆石有别于常见的长于地面的云盆石,属国内首次发现(图4-3-24),可称为稀世珍品。洞顶云盆石分布于宽12.2m、长15m的范围内,如祥云般布满洞顶,呈土黄色,最多可看到12层云盆石重叠而生,厚8~9cm。流水从洞顶黑色条带状石灰岩裂隙中流出,不断析出钙化沉积物充填于裂隙中,久而久之形成了奇特的洞顶云盆石景观。

图4-3-24 洞顶云盆石

3. 溶洞成因

瑞晶洞是浙江少有的发育于寒武系(距今约5亿年)石灰岩中的溶洞,其物质基础为含泥质和碳质的石灰岩(图4-3-25)。原本水平的岩层在经历复杂的地质构造运动后,被改变成现在的近直立状态,并使岩层发生断裂破碎。一系列断层裂隙与岩层面为流水侵蚀创造了条件,石灰岩经漫长的溶蚀、崩塌后,形成了如今洞体高旷、气势宏大的溶洞。洞穴沿北东20°的方向延伸,延伸方向与地层走向基本一致,且在同一北东走向的灰岩条带上还发育凉风洞、朝天洞、小石洞等多个小溶洞。

垂直的岩石裂隙为岩溶水的沉积提供了有利场所,沿裂隙流出的水流在洞壁、洞顶析出碳酸钙沉淀,形成了石瀑、石幔、钟乳石、石笋、石柱等岩溶景观。尤其是洞内数以千计的"石花"以及独具特色的云盆石,它们沿着岩石层理面或断层裂隙发育,千姿百态,极大地提升了瑞晶洞的观赏价值和科学价值。

瑞晶洞的石花异常发育,而且晶体特别长,花朵特别大,主要与距今 5 亿年前形成的薄层条带状泥质、白云质灰岩有关(竺国强,2000)。一是岩石中含大量锶、镁离子,促使碳酸钙易结晶形成斜方晶系的文石;二是条带状、薄层状的岩石层理构造,使岩石细微孔隙发育,有利于形成毛细渗水;三是岩石岩性不纯,使地下水中重碳酸钙含量相对较低,从而使碳酸钙析出速度缓慢,使文石晶体有充足的结晶时间,并向四周放射状生长形成形态各异的美丽石花。

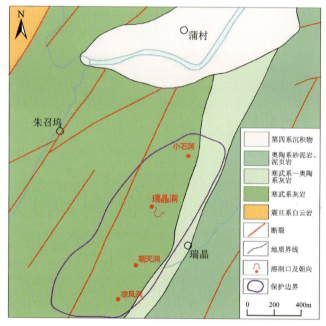

图 4-3-25　瑞晶洞周边地质略图(据浙江省区域地质调查大队,1985 修改)

4.3.4　灵山洞

1. 溶洞概况

灵山洞又称"灵山幻境",古称"云泉灵洞",位于西湖区灵山风景区内,距杭州市区约 15km,是国家 AAA 级景区。灵山洞在唐宋时期就已极具盛名,已有 1500 余年的游览历史,崖壁上还保存着宋熙宁二年(1069 年)杭州太守祖无择的"云泉灵洞"篆书题刻,唐宋诗人白居易、范仲淹、苏东坡、林逋、朱熹等常来此游览,留下题咏(图 4-3-26)。

2. 溶洞特征

灵山洞洞口海拔 186m,为竖井式的分层洞厅,高差大约 104m,洞道全长 400m。自上而下分为麒麟迎宾、水底洞天、赛昆仑、天柱厅、大云盆 5 个洞厅,总面积超过 6000m²,以高大、雄伟、开阔、壮观著称。洞中石笋高大,形态奇特,造型优美,洞壁深邃,是西湖群山 40 多个洞穴中景观最富丽、气象最变幻的旅游洞穴。

图 4-3-26 灵山幻境

进入洞口,清风习习,流水潺潺,洞中石钟乳、石笋缀满四壁,千姿百态,四五个大厅连成一片,彩色灯光朦胧,逶迤深远。中央大厅左侧,有一高宽各数十米的巨型瀑布,瀑面钟乳石晶莹剔透,如云如雪,喷薄而降,气势雄浑伟壮;大厅中央,一支巨大无比的石笋——天柱峰,拔地而起,高达24.5m,直径约6m,占地面积12m²,12人难以围抱,是浙江最大的石笋(图4-3-27);洞厅地面在经年累月的碳酸钙沉淀后形成典型的云盆景观,高低错落,被地下水浸润着,犹如绵延长城的浓缩,更似梯田阡陌的盆景。天柱峰背后,沿着50余米高"之"字形的石栈天梯攀登,直达上洞——清虚洞天,上洞景观与下洞风格相异,天梯、风廊、瀑布、双柱矮厅、曲径通幽、原始洞窟,鳞次栉比,巧妙变换,像精巧繁复的苏州园林(图4-3-28~图4-3-30)。

3. 溶洞成因

灵山洞发育在距今约3亿年的石炭系石灰岩中,石灰岩质较纯、层理发育,易于发生岩溶作用。灵山洞及周边区域地处钱塘江复向斜西山向斜核部的断裂带上(包超民和邢光福,2004),区内发育有北东、北西、近东西向3组断裂,致使岩石发育这3个方向的节理裂隙(图4-3-31)。灵山洞洞体形态整体呈袋状,从洞体平面投影图可见(图4-3-32),灵山洞洞体上下重叠,呈折线状,其走向亦沿北东、北西及东西向延伸,与断层及节理方向一致,地质构造对溶洞发育有明显的控制作用。而上洞与下洞的高低差异及连接上、下洞的垂直洞穴的发育,则与地壳间歇性抬升运动有关。

图4-3-27 石柱景观"天柱峰"

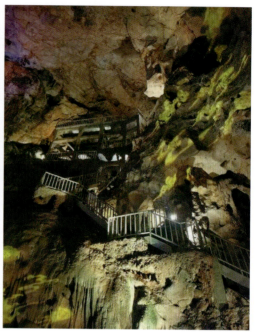
图4-3-28 石栈天梯

图4-3-29 地面云盆景观

图4-3-30 巨型石瀑景观

4 岩溶洞穴景观篇

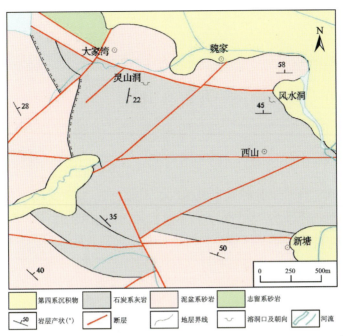

图 4-3-31 灵山洞周边地质略图（据浙江省区域地质调查大队，1987 修改）

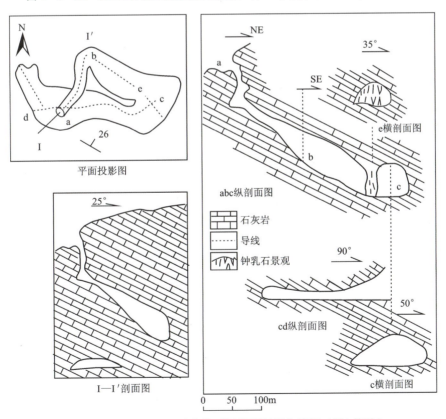

图 4-3-32 灵山洞形态纵、横剖面图（据俞锦标，1994 修改）

后 记

　　杭州作为世界级的风景旅游名城和中国六大古都之一,地质文化景观资源极为丰富,湖山胜景令人赞誉不止。多年来,关于杭州人文历史和风景旅游的书籍陆续出版,但鲜有书籍从地质学角度介绍杭州山水风景的形成和演化。笔者在前人研究成果的基础上,通过资料搜集和研究,结合实地调查补充,以杭州地区代表性的名山、名水、名洞为切入点,介绍杭州山水风景的地质学成因,解释隐藏在"醉美"杭州背后的地球科学奥秘,以期为地质工作者、地学爱好者以及普通旅游大众提供地学导览。

　　本书是"浙江省典型地质标本及古生物化石采集与征集"项目的主要成果,也是浙江省地质博物馆筹建过程中形成的重要成果之一。全书由浙江省地质院基础地质调查研究所组织编写,具体编写分工为:全书编写大纲由刘远栋、朱朝晖、刘风龙、程海艳、张建芳共同商定;前言和杭州地史篇由刘远栋、朱朝晖、张建芳编写;山体地貌景观篇由刘风龙、张建芳、刘远栋编写;水体景观篇由刘远栋、程海艳、胡艳华编写;岩溶洞穴景观篇由程海艳、刘远栋编写;全书由刘远栋统稿;徐涛、汪筱芳、倪伟伟等完成大部分插图的绘制。

　　本书在编写过程中得到了诸多前辈、专家和同行的指导与帮助,特别要感谢原浙江省地质调查院张岩高级工程师为本书的编写提供了大量的文字资料和素材,并全程指导水体景观篇的编写。另外,还要感谢中国科学院南京地质古生物研究所张元动研究员、浙江大学董传万教授、浙江省自然博物院金幸生研究员、绍兴文理学院郑丽波教授等,为本书编写提出了诸多宝贵的意见。同时,也感谢杭州市各县(区、市)级自然资源主管部门和大明山地质公园管理部门及相关工作者,他们不仅为实地调查工作提供了诸多便利,也为本书提供了大量精美的图片。本书所用照片或图件除部分已标注作者或拍摄者外,其他均为本书笔者拍摄或制作,如有相关内容侵权,请联系笔者。特别声明:本书个别图片为视觉(中国)文化发展股份有限公司旗下网站付费下载。

　　经过笔者两年多的努力,《浙江地质·杭州山水》终于呈现在各位读者面前。由于所参考的各类资料和研究者学术观点不一致,加上本书编写者大多为首次编写此类科普与专业相结合的书籍,知识水平和编写经验存在欠缺,书中难免存在一些不足,甚至错漏,敬请谅解。

主要参考文献

包超民,吴小勇,王孔忠,1997.浙江省千岛湖西部地区旅游资源功能分类及开发建议[J].中国区域地质,16(1):9-14.

包超民,邢光福,2004.浙江省的岩溶旅游资源[C]//中国地质学会.全国第19届旅游地学年会暨韶关市旅游发展战略研讨会论文集.韶关:中国地质学会:172-175.

陈谅闻,1993.虎跑泉的成因、水质及其与龙井茶的关系[J].科技通报,9(1):31-40.

丁晓勇,2008.钱塘江河道形成及古河道承压水性状研究[D].杭州:浙江大学.

丁晓勇,张杰,2008.钱塘江河口形成的地质环境及其喇叭型河口的形成过程[J].地基处理,19(2):36-40.

傅隐鸿,2020.杭州西湖周边地质遗迹景观及其意义[J].地质论评,66(2):475-484.

黄国成,董学发,吴小勇,2013.浙江省临安学川地区综合找矿预测模型[J].吉林大学学报(自然科学版),43(4):1276-1282.

黄国成,王登红,吴小勇,2012.浙江临安千亩田钨铍矿区花岗岩锆石 LA-ICP-MS U-Pb年龄及对区域找矿的意义[J].大地构造与成矿学,36(3):392-398.

梁钰莹,李冬玲,沙龙滨,等,2018.浙江湘湖早—中全新世的硅藻记录及沉积环境演变[J].第四纪研究,38(4):842-853.

刘健,陈小友,汪一凡,等,2019.浙江天目山地区次火山岩锆石U-Pb年龄及地质意义[J].华东地质,40(2):99-107.

吕清,毛官辉,王小龙,2017.浙江省漰口盆地地热资源水文地球化学特征[J].绍兴文理学院学报,37(7):12-20.

齐岩辛,万治义,陈美君,等,2016.浙江大明山花岗岩地貌景观特征与演化[J].科技通报,32(2):66-70.

齐岩辛,张岩,2020.浙江省重要地质遗迹[M].武汉:中国地质大学出版社.

孙侃,林炳尧,2005.钱塘潮:涌向陆地深处的波涛[J].中国国家地理(12):1.

王德恩,张元朔,高冉,等,2014.下扬子天目山盆地火山岩锆石 LA-ICP-MS 定年及地质意义[J].资源调查与环境,35(3):178-184.

邢云,2015.钱塘江河口岸线变迁史综述[M]//宁波市水文化研究会,绍兴市鉴调研究会.浙东水利史论——首届浙东(宁绍)水利史学术研讨会论文集.宁波:宁波出版社:44-48.

徐克定,2016.杭州宝石山三大地质景观初步研究[C]//浙江地质学会.浙江省地质学会2016年学术年会论文集.杭州:浙江地质学会:253-260.

徐柔远,1994.钱塘江水系的形成和变迁[J].河口与海岸工程(2):1-14.

俞锦标,1994.中国旅游风光丛书·中国名洞[M].上海:文汇出版社.

张福祥,1982.杭州的山水[M].北京:地质出版社.

张建芳,朱朝晖,汪建国,等,2018.浙西北天目山盆地火山岩成因:锆石U-Pb年代学、地球化学和Sr-Nd同位素证据[J].大地构造与成矿学,42(5):918-939.

浙江省地质调查院,2009.杭州城市地质调查报告[R].杭州:浙江省地质调查院.

浙江省地质调查院,2015a.浙江1:5万杭垓、仙霞、船村幅区域地质矿产调查报告[R].杭州:浙江省地质调查院.

浙江省地质调查院,2015b.浙江省重要地质遗迹调查成果报告[R].杭州:浙江省地质调查院.

浙江省地质调查院,2019.中国区域地质志·浙江志[R].杭州:浙江省地质调查院.

浙江省地质矿产研究所,2010.浙江省淳安县地质遗迹调查与评价报告[R].淳安:淳安县国土资源局.

浙江省地质矿产研究所,2013.浙江省临安市清凉峰地区地质遗迹调查评价报告[R].临安:临安市国土资源局.

浙江省第一地质大队,1984.浙江1:5万寿昌幅、塔山幅、淳安幅、梅城幅区域地质调查报告[R].杭州:浙江省第一地质大队.

浙江省第一地质大队,2016,浙江省临安市湍口镇湍口村热矿水地质勘查[R].杭州:浙江省第一地质大队.

浙江省区测大队,1963.浙江省洞穴调查资料[R].杭州:浙江省区测大队.

浙江省区域地质调查大队,1985.1:5万于潜幅、昌化幅、顺溪幅、麻车埠幅、白牛桥幅区域地质调查报告[R].杭州:浙江省地质矿产局.

浙江省区域地质调查大队,1987.杭州市幅、临浦镇幅城市地质综合调查报告(1:5万)[R].杭州:浙江省地质矿产局.

浙江省文物考古研究所,2019.浙江考古:1979—2019[M].北京:文物出版社.

《浙江通志》编撰委员会,2018.浙江通志·天目山专志[M].杭州:浙江人民出版社.

周宣森,1981.浙江瑶琳洞及其洞穴堆积[J].杭州大学学报,8(1):91-103.

竺国强,2000.瑞晶洞石花奇观科学鉴赏[J].风景名胜,131(4):8-9.

竺国强,刘学会,张富祥,等,2000.浙江建德灵栖洞的特色及其成因探讨[C].北京:中国林业出版社.

SONG H Y,AN Z H,YE Q,et al.,2023. Mid-latitudinal habitable environment for marine eukaryotes during the waning stage of the Marinoan snowball glaciation[J]. Nature Communications,14:1-9.

WU F Y,JI W Q,SUN D H,et al.,2012. Zircon U-Pb geochronology and Hf isotopic compositions of the Mesozoic granites in southern Anhui Province,China[J]. Lithos,150:6-26.